ÉLÉMENTS

DE

GÉOMÉTRIE DESCRIPTIVE

ÉLÉMENTS

DE

GÉOMÉTRIE DESCRIPTIVE

A L'USAGE

DES CANDIDATS AU BACCALAURÉAT DE L'ENSEIGNEMENT SECONDAIRE CLASSIQUE

DES ÉLÈVES DE L'ENSEIGNEMENT SECONDAIRE MODERNE

ET

des candidats aux écoles du gouvernement

PAR

H. FERVAL

ANCIEN ÉLÈVE DE L'ÉCOLE NORMALE SUPÉRIEURE
AGRÉGÉ DES SCIENCES MATHÉMATIQUES, PROFESSEUR AU COLLÈGE STANISLAS

PARIS

LIBRAIRIE CLASSIQUE EUGÈNE BELIN

BELIN FRÈRES

RUE DE VAUGIRARD, 52

—

1896

Tout exemplaire de cet ouvrage non revêtu de notre griffe sera réputé contrefait.

PRÉFACE

En écrivant ces **Eléments de géométrie descriptive,** je me suis plus d'une fois souvenu de l'enseignement de mon ancien et distingué professeur, M. J. Caron, directeur des travaux graphiques à l'Ecole normale supérieure : je me suis efforcé de faire ressortir pour chacune des questions la généralité de la méthode qui sert à la résoudre.

A de nécessaires exceptions près, je n'ai pas cru devoir multiplier les exemples, ou cas dits souvent à tort *particuliers;* l'abondance des exemples me semble parfois avoir en **Géométrie descriptive** l'inconvénient de mettre trop en lumière leurs seules dissemblances, de voiler par là-même aux yeux du débutant la généralité des méthodes qui embrassent tous les exemples d'un même genre, et surtout de rebuter quelques élèves en leur faisant apparaître la **Géométrie descriptive,** non pas comme une science purement mathématique, mais plutôt comme une science d'allure un peu mystérieuse à laquelle *tout le monde n'a pas le privilège de voir.*

Toutefois lorsque les élèves paraissent posséder à un degré suffisant les méthodes d'une science de raisonnement, s'il est un travail complémentaire et éminemment fructueux qu'on doit leur conseiller, c'est de s'exercer eux-mêmes à en faire de fréquentes applications. A cet effet, j'ai à la fin des chapitres indiqué des exercices de types variés; la plupart de ces exercices sont bien connus et pour ainsi dire classiques; un certain nombre d'autres ont été proposés aux examens du baccalauréat et aux examens oraux de l'Ecole Saint-Cyr. En vue d'obtenir des élèves une plus grande somme d'efforts et par suite de développer davantage leur sagacité, j'ai pensé qu'il était préférable de présenter les exercices de chacun des chapitres dans un ordre quelconque, sans les classer d'après leur difficulté relative ou d'après la marche rigoureuse des questions traitées dans ce chapitre.

Ces **Eléments de géométrie descriptive** renferment toutes les matières inscrites aux programmes du baccalauréat de l'Enseignement secondaire classique, de la classe de seconde de l'Enseignement secondaire moderne, et au programme d'admission à l'Institut agronomique; j'ai suivi ces programmes autant que me le permettait le plan que j'avais conçu.

En terminant cette préface, je tiens à exprimer ma vive gratitude à MM. Belin, pour le soin tout particulier qu'ils ont bien voulu apporter à l'impression de ce petit ouvrage.

H. F.

ÉLÉMENTS

DE

GÉOMÉTRIE DESCRIPTIVE

CHAPITRE PREMIER

PRÉLIMINAIRES

1. — La géométrie descriptive a pour objet de ramener l'étude des figures de l'espace à celle des figures planes à l'aide des *projections*.

On appelle *projection orthogonale*, ou simplement *projection* d'un point A sur un plan H le pied a de la perpen-

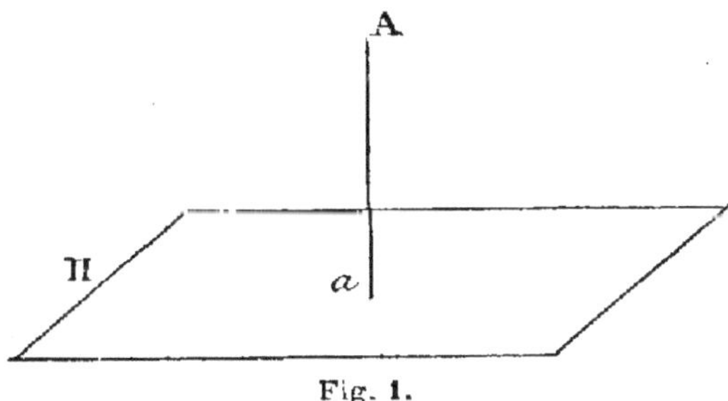

Fig. 1.

diculaire Aa abaissée du point sur le plan (*fig.* 1); c'est en d'autres termes la trace sur le plan H du rayon visuel passant par A et émané de l'œil d'un observateur placé à l'infini au-dessus de ce plan.

La droite Aa se nomme la *projetante* du point A.

2. — Il résulte de la définition même qu'un point A étant connu dans l'espace, sa projection sur un plan H est déterminée et unique ; mais inversement la projection a ne suffit pas à déterminer le point A : on sait seulement qu'il se trouve sur la perpendiculaire élevée en a au plan H.

Pour fixer la position du point A, on doit se donner un élément de plus ; par exemple la projection a_1 du point A sur un deuxième plan V perpendiculaire au premier

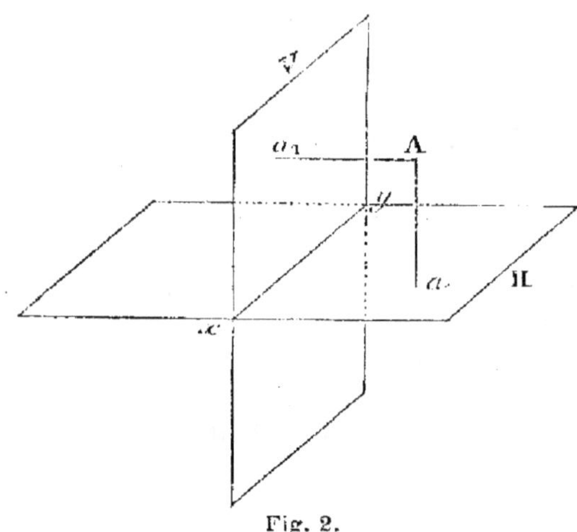

Fig. 2.

(*fig.* 2), c'est-à-dire la trace sur le plan V du rayon visuel passant par A et issu de l'œil d'un deuxième observateur placé à l'infini en avant de ce plan. Les deux projections a et a_1, qu'on se donne ainsi, ne peuvent pas être arbitraires, puisque les projetantes que l'on mène par elles doivent se couper au point A considéré.

3. — Les deux plans de projection H et V se nomment : le premier *plan horizontal*, le second *plan vertical*. Leur intersection xy est la *ligne de terre*.

4. — Pour obtenir une figure plane, on convient de faire tourner le plan vertical autour de xy dans le sens de la flèche (*fig.* 3), de façon à coucher sa partie supérieure V sur la partie postérieure H' du plan horizontal et en même temps sa partie inférieure V' sur la partie anté-

rieure H du plan horizontal; la projection a_1 vient occuper une certaine position a'. La figure obtenue après cette

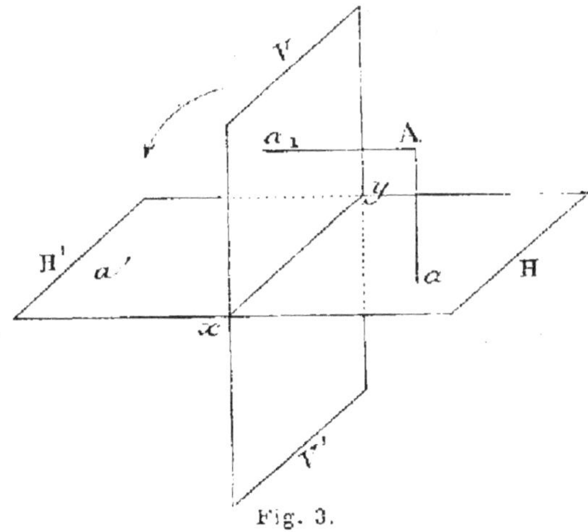

Fig. 3.

opération (*fig.* 4) se nomme l'*épure* du point A ; elle se compose des deux projections a, a' et de la ligne de terre xy,

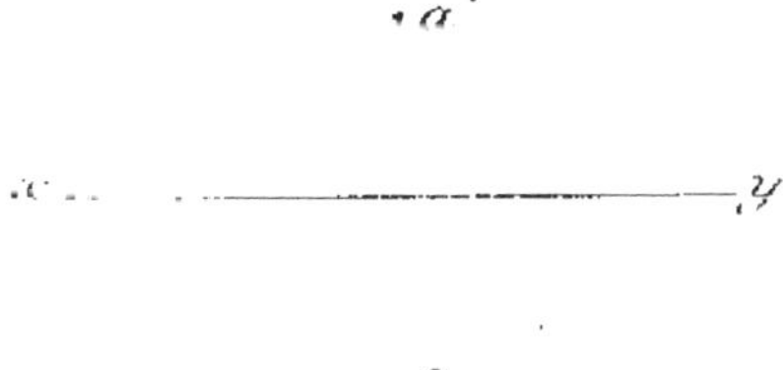

Fig. 4.

dont on convient d'écrire toujours les lettres x et y dans l'ordre alphabétique de gauche à droite.

5. Remarque. — On se rappellera que dans toute épure, d'après le sens même du mouvement du plan vertical, la portion qui est au-dessus de xy, lue de gauche à droite, représente à la fois la partie postérieure du plan horizontal et la partie supérieure du plan vertical ; tandis qu'au-dessous de xy se trouvent la partie antérieure du plan horizontal et la partie inférieure du plan vertical.

1.

CHAPITRE II

LE POINT

Nous avons vu qu'on ne peut se donner arbitrairement les deux projections d'un point ; le théorème suivant
et sa réciproque établissent la relation qui existe entre
elles.

6. Théorème. — *Les deux projections* a *et* a′ *d'un*

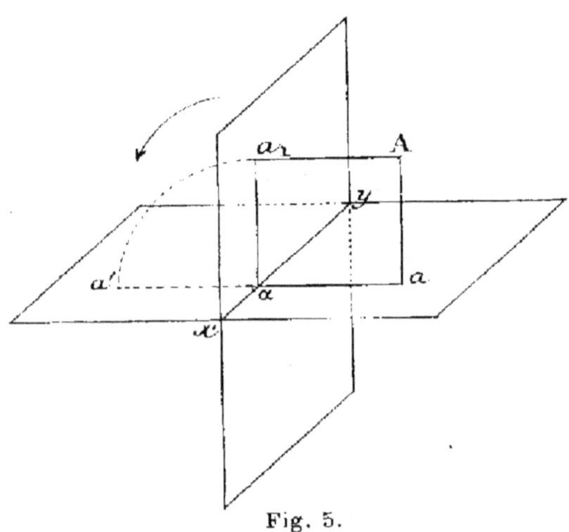

Fig. 5.

point A *sont sur une même perpendiculaire à la ligne de
terre.*

En effet le plan a_1Aa (*fig.* 5) est perpendiculaire aux
deux plans de projection, puisqu'il contient les projetantes Aa_1 et Aa, et il est par suite perpendiculaire à xy.
Soit α son point de rencontre avec xy ; puisque αa_1 est
perpendiculaire à xy, elle lui restera perpendiculaire pendant tout le mouvement du plan vertical, et dans l'épure
(*fig.* 6) a_1 occupera une position a′, telle que αa′ perpendiculaire à xy sera en prolongement avec αa.

sa projection verticale appartient à la partie supérieure du plan vertical ; donc dans l'épure a' est au-dessus de xy.

Enfin le point A étant plus rapproché du plan horizontal que du plan vertical, on a :
$\alpha a' < \alpha a$.

L'épure est la figure 9.

3° *Le point* A *se trouve sur la partie supérieure du premier bissecteur.*

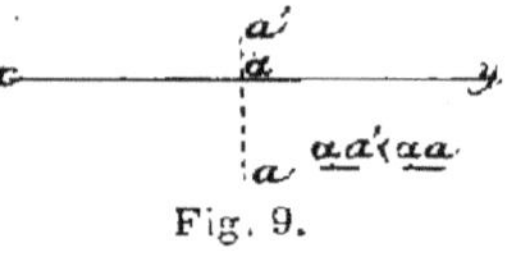

Fig. 9.

Le point A étant équidistant des deux plans de projection, on a : $\alpha a' = \alpha a$ et les deux projections sont symétriques par rapport à xy. A part cela, l'épure (*fig.* 10) est pareille à la précédente.

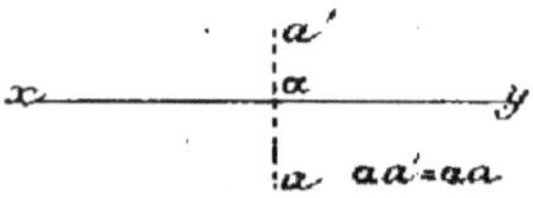

Fig. 10.

4° *Le point* A *est dans l'angle* 1′.

Mêmes raisonnements qu'au 2° ; seulement le point A étant plus éloigné du plan horizontal que du plan vertical, on a : $\alpha a' > \alpha a$ (*fig.* 11).

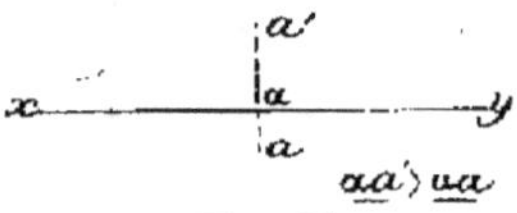

5° *Le point* A *se trouve sur la partie supérieure du plan vertical.*

Fig. 11.

Sa projection horizontale est sur xy, puisque son éloignement est nul (n° 8).

Sa projection verticale est au-dessus de xy (n° 5).

L'épure est la figure 12.

6° *Le point* A *est situé dans l'angle* 2.

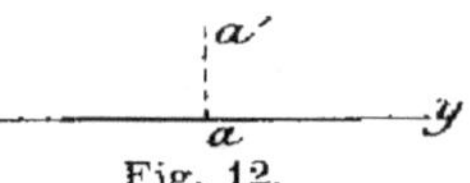

Fig. 12.

Puisque le point A est derrière le plan vertical, sa projection horizontale appartient à la partie postérieure du plan horizontal, et dans l'épure a est au-dessus de xy.

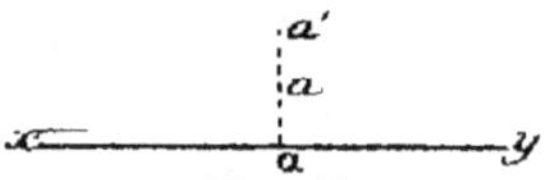

Puisque le point A est au-dessus du plan horizontal, sa projection verticale est sur la partie supérieure du plan vertical, et dans l'épure a' est au-dessus de xy.

Fig. 13.

Enfin le point A étant plus rapproché du plan vertical que du plan horizontal, on a : $\alpha a < \alpha a'$ (*fig.* 13).

7° Le point A *se trouve dans la partie supérieure du deuxième bissecteur.*

Le point A étant équidistant des deux plans de projection, on a : $aa' = aa$ et les deux projections sont confondues. Sauf cette modification, l'épure (*fig.* 14) est pareille à la précédente.

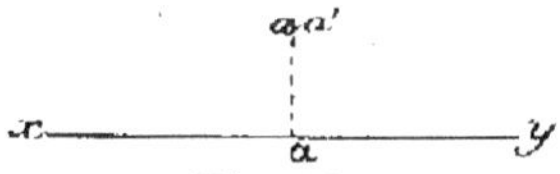

Fig. 14.

8° Le point A *est dans l'angle* 2'.

Mêmes raisonnements qu'au 6°, avec cette différence que le point A étant plus éloigné du plan vertical que du plan horizontal, on a : $aa' < aa$ (*fig.* 15).

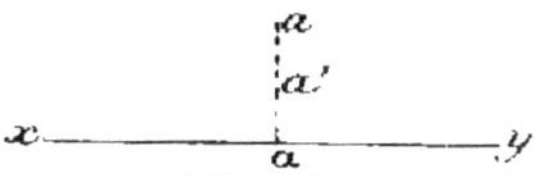

Fig. 15.

9° Le point A *traverse la partie postérieure du plan horizontal.*

Sa projection horizontale est au-dessus de xy (n° 5).

Sa projection verticale est sur xy (n° 8).

L'épure est la figure 16.

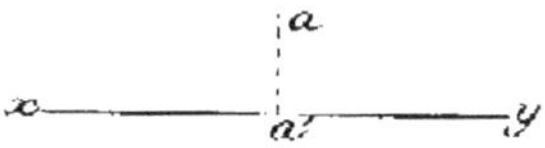

Fig. 16.

10° Le point A *est dans l'angle* 3.

Puisque le point A est derrière le plan vertical, sa projection horizontale se trouve sur la partie postérieure du plan horizontal, et dans l'épure a est au-dessus de xy.

Puisque le point A est au-dessous du plan horizontal, sa projection verticale appartient à la partie inférieure du plan vertical, et dans l'épure a' est au-dessous de xy.

Enfin, le point A étant plus rapproché du plan horizontal que du plan vertical, on a : $aa' < aa$ (*fig.* 17).

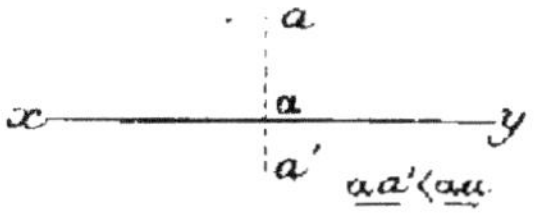

Fig. 17.

11° Le point A *est dans la partie inférieure du premier bissecteur.*

Les raisonnements ne diffèrent des précédents qu'en ce que le point A étant à égale distance des deux plans de projection, on a : $aa' = aa$ et les deux projections sont symétriques par rapport à xy (*fig.* 18).

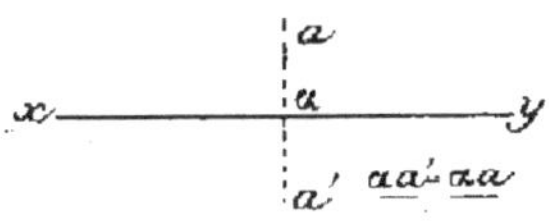

Fig. 18.

12° Le point A *se trouve dans l'angle* 3'.

Mêmes raisonnements qu'au 10° ; mais ici le point A étant plus éloigné du plan horizontal que du plan vertical, on a : $\alpha a' > \alpha a$ (*fig.* **19**).

13° *Le point* A *traverse la partie inférieure du plan vertical.*

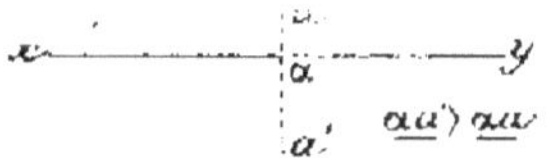

Sa projection horizontale est sur xy (n° 8).

Fig. 19.

Sa projection verticale est située au-dessous de xy (n° 5).

L'épure est la figure 20.

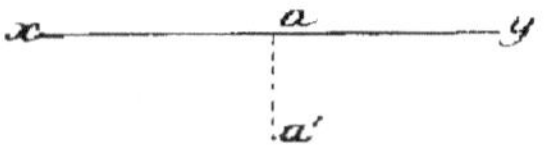

14° *Le point* A *est dans l'angle* 4.

Fig. 20.

Puisque le point A est en avant du plan vertical, sa projection horizontale se trouve sur la partie antérieure du plan horizontal, et dans l'épure a est au-dessous de xy.

Puisque le point A est au-dessous du plan horizontal, sa projection verticale appartient à la partie inférieure du plan vertical, et dans l'épure a' est au-dessous de xy.

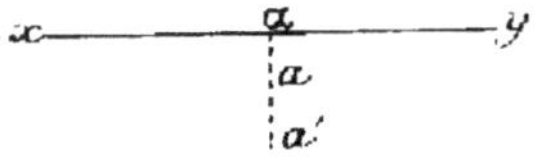

Enfin le point A étant plus rapproché du plan vertical que du plan horizontal, on a : $\alpha a < \alpha a'$ (*fig.* **21**).

Fig. 21.

15° *Le point* A *se trouve sur la partie inférieure du deuxième bissecteur.*

Mêmes raisonnements qu'au 14° ; seulement le point A étant équidistant des deux plans de projection, on a : $\alpha a = \alpha a'$ et les deux projections coïncident (*fig.* **22**).

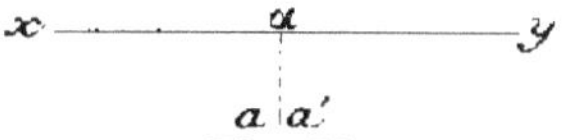

Fig. 22.

16° *Le point* A *est dans l'angle* 4'.

Les raisonnements sont pareils à ceux du 14°, avec cette seule différence que le point A étant plus éloigné du plan vertical que du plan horizontal, on a : $\alpha a > \alpha a'$ (*fig.* **23**).

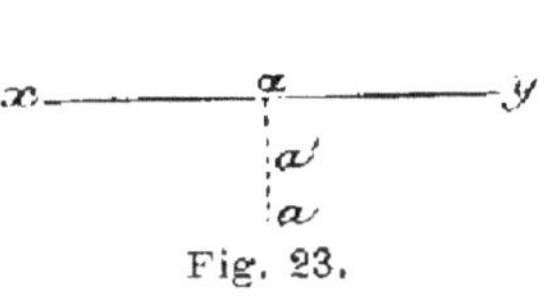

Fig. 23.

10. Remarque. — Nous faisons encore ressortir d'après l'étude précédente :

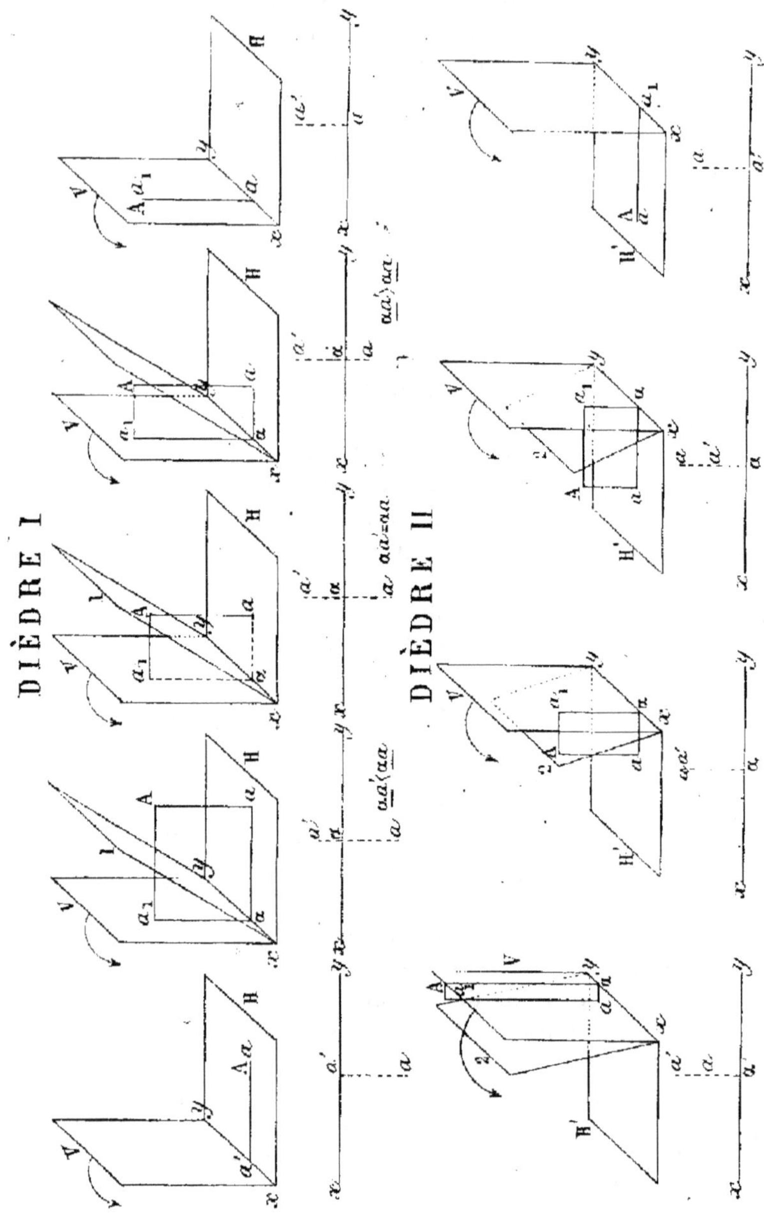
DIÈDRE I
DIÈDRE II

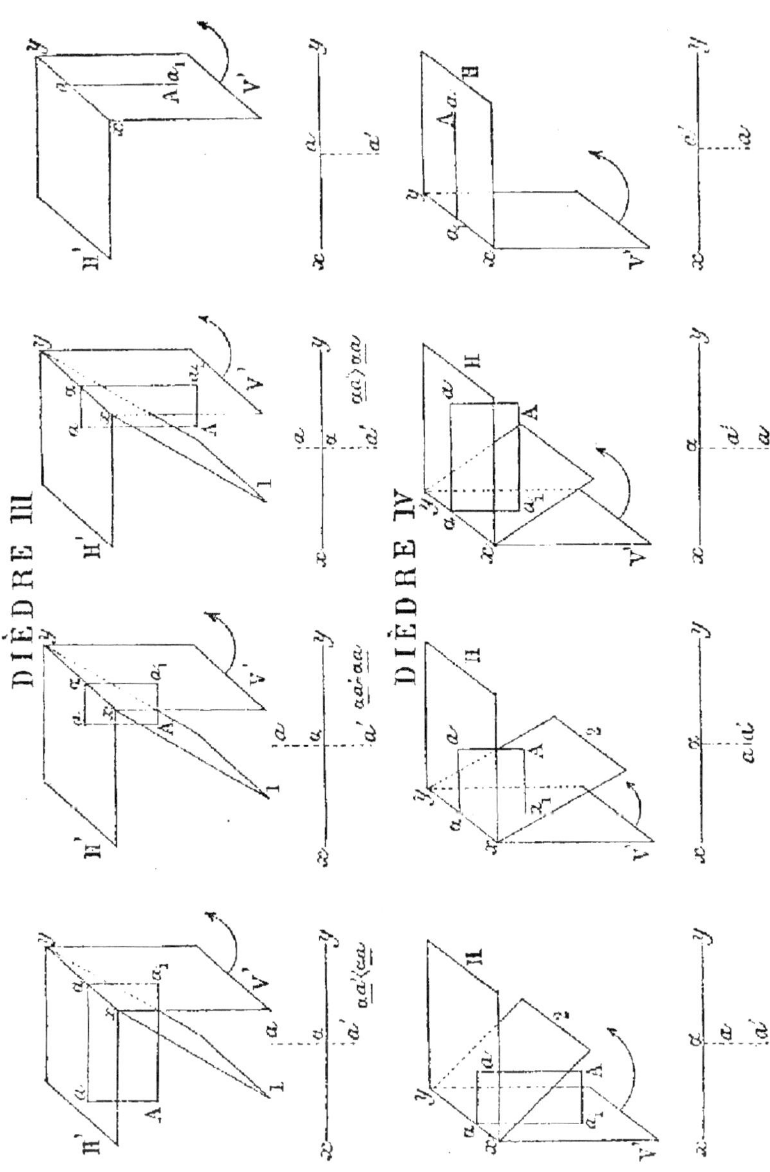
DIÈDRE III
DIÈDRE IV
H'
V'
x
y
A

1° Qu'un point du plan horizontal se projette verticalement sur xy.

2° Qu'un point du plan vertical se projette horizontalement sur xy.

3° Qu'un point du premier bissecteur a ses projections symétriques par rapport à xy.

4° Qu'un point du deuxième bissecteur a ses projections confondues.

11. Problème. — *Reconnaître la position d'un point dans l'espace d'après son épure.*

Soit l'épure (11) par exemple. Puisque a est au-dessous de xy, la projection horizontale du point A se trouve dans la partie antérieure du plan horizontal (n° **5**), et le point A appartient à l'un des dièdres I ou IV.

Puisque a' est au-dessus de xy, la projection verticale du point A se trouve dans la partie supérieure du plan vertical, et le point A est par suite situé dans l'un des dièdres I ou II.

Donc le point A est dans le dièdre I.

Enfin, puisque αa est $< \alpha a'$, le point A est plus rapproché du plan vertical que du plan horizontal, c'est un point de l'angle $1'$.

On fera des raisonnements analogues pour chacune des autres épures du point.

Nous engageons les élèves à étudier ainsi successivement toutes ces épures.

Nous reproduisons (pages 10 et 11) toutes les épures des diverses positions du point en les groupant d'après les quatre dièdres droits I, II, III, IV, auxquels elles correspondent ; nous mettons au-dessus de chacune d'elles la figure de l'espace dont elle est la représentation.

CHAPITRE III

LA LIGNE DROITE

12. Définition. — *La projection d'une ligne* est le lieu des projections de tous les points de la ligne.

Les *projetantes* de tous les points de la ligne considérée forment un cylindre qu'on appelle le *cylindre projetant* de cette ligne. Le *cylindre projetant* se réduit à un *plan projetant* dans le cas de la ligne droite, comme nous le démontrerons au théorème suivant.

13. Théorème. — *La projection d'une droite* est une droite.

En effet les projetantes Aa, Bb,... Ee... de tous les points de la droite forment un plan Q (cinquième livre de géométrie) qui coupe le plan de projection H suivant une droite abc... e... (*fig.* 24).

Il y a exception lorsque la droite est perpendiculaire au plan de projection, auquel cas sa projection est un point.

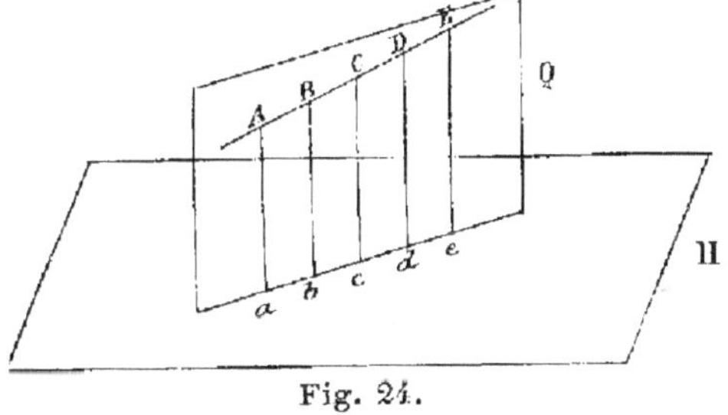

Fig. 24.

Ainsi la projection d'une droite sur chacun des deux plans de projection est une droite.

14. Conséquence. — Il résulte de là qu'il suffit de connaître les projections aa' et bb' (*fig.* 25) de deux points d'une droite,

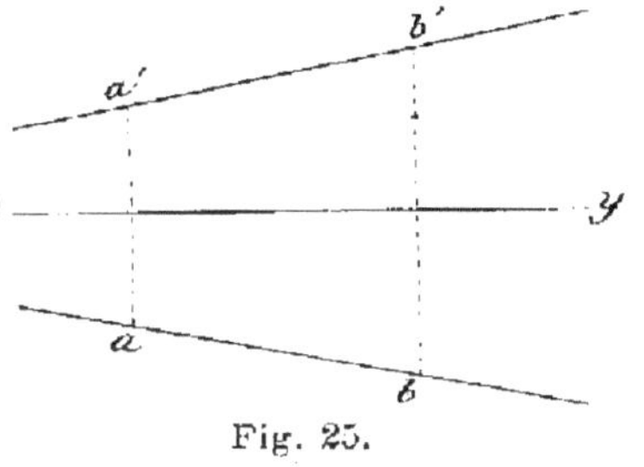

Fig. 25.

pour avoir les projections de cette droite. Sa projection horizontale est *ab* et sa projection verticale *a'b'*.

15. Théorème. — *Deux droites, l'une* ab *du plan horizontal, l'autre* a'b' *du plan vertical, peuvent être considérées comme les projections d'une même droite* AB *de l'espace.*

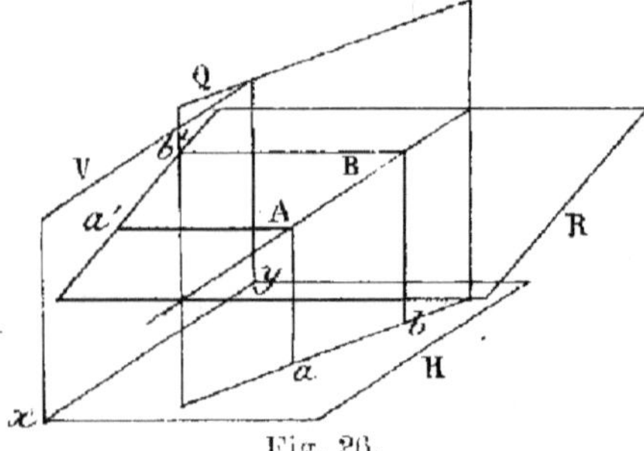

Fig. 26.

En effet, les deux plans projetants Q et R conduits par *ab*, *a'b'*, se coupent suivant la droite AB, dont les projections sont bien *ab* et *a'b'* (*fig.* 26).

Le théorème tombe en défaut lorsque :

1° *L'une des projections seulement,* a'b' *par exemple, est perpendiculaire à* xy.

La droite *a'b'* étant perpendiculaire à *xy* est perpendiculaire au plan horizontal ; le plan projetant R conduit par elle est alors perpendiculaire au plan horizontal comme le plan projetant Q mené par *ab*,

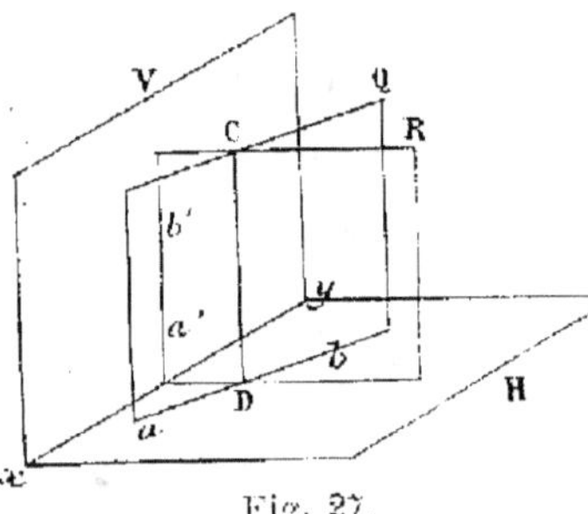

Fig. 27.

et l'intersection de ces deux plans est perpendiculaire au plan horizontal : c'est une droite CD dont la projection horizontale est un point et non pas la droite *ab* (*fig.* 27).

2° *Les deux projections sont perpendiculaires à* xy *sans être confondues.*

Dans ce cas les deux plans projetants sont perpendiculaires à *xy*, et par suite parallèles entre eux (*fig.* 28).

3° *Les deux projections sont confondues suivant une même perpendiculaire à* xy.

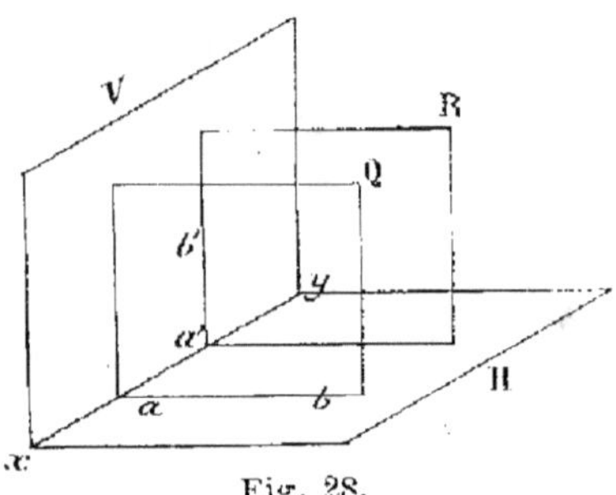

Fig. 28.

Les deux plans projetants coïncident alors, puisqu'ils sont perpendiculaires à xy au même point (*fig.* 29). La droite AB est quelconque dans le plan Q perpendiculaire à xy et qu'on nomme un plan *de profil;* pour la définir complètement, il est indispensable d'indiquer deux de ses points, aa' et bb' par exemple (*fig.* 30).

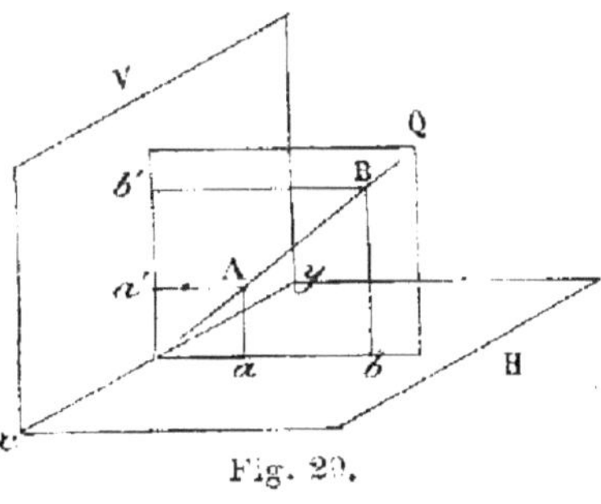

Fig. 29.

La droite AB est alors elle-même perpendiculaire à xy.

16. Problème. — *Marquer sur une droite un point quelconque.*

Soit la droite AA'; en traçant une ligne de rappel quelconque, nous aurons un point quelconque mm' de la droite (*fig.* 31). En effet, nous savons par définition que tout point d'une droite se projette sur les projections de la droite (n° 13), et que

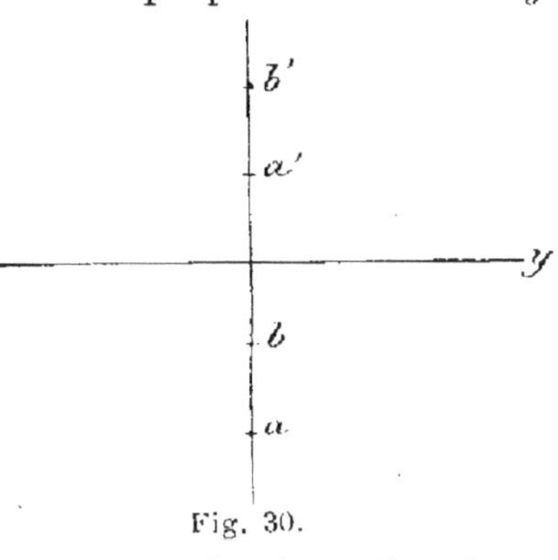

Fig. 30.

les deux projections d'un point sont sur une même ligne de rappel (n° 6).

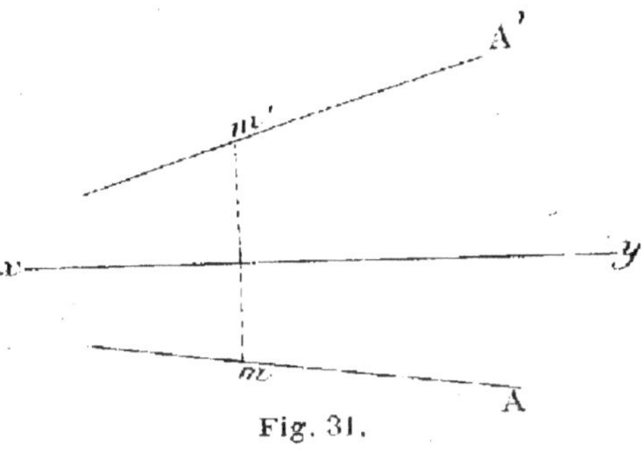

Fig. 31.

Traces d'une droite. points d'intersection d'une droite avec les deux bissecteurs

17. — 1° *Trace horizontale*. Le point où la droite AA′ traverse le plan horizontal, ou la *trace horizontale* de la droite, se projette verticalement sur A′ et aussi sur xy (n° 10), c'est-à-dire en h'; la ligne de rappel hh' nous fait connaître la projection horizontale h correspondante

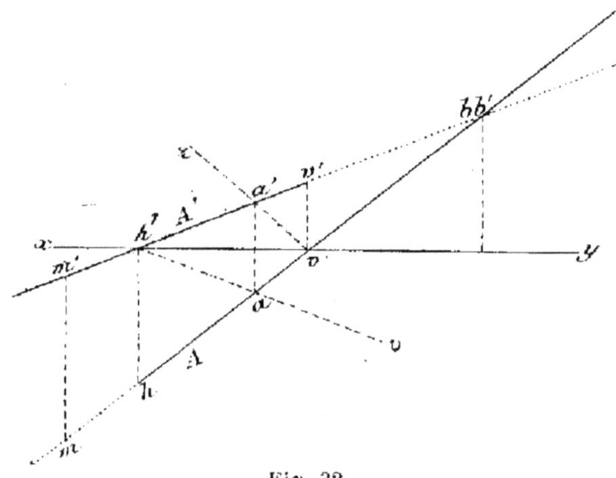

Fig. 32.

(*fig.* 32). La *trace horizontale* cherchée est le point hh'.

Souvent on se contente de désigner la trace horizontale de la droite par la seule lettre h; on sous-entend que h' est sur xy.

2° *Trace verticale*. Un raisonnement analogue au précédent nous donne le point vv' où la droite perce le plan vertical, c'est-à-dire sa *trace verticale*.

Pareillement ici, on dit souvent que v' est la trace verticale, en sous-entendant que v est sur xy.

3° *Point de rencontre avec le premier bissecteur.*

Ce point ayant ses deux projections symétriques par rapport à xy (n° 10), on le construit en traçant la droite vz symétrique de A par exemple par rapport à xy; la droite vz rencontre A′ en a' que je *rappelle* en a.

On peut aussi bien construire la symétrique $h'u$ de A' par rapport à xy, elle coupe A en a qu'on rappelle ensuite en a'.

4° *Point de rencontre avec le deuxième bissecteur.*

Il a ses deux projections confondues (n° 10) ; c'est le point bb' donné par l'intersection des deux projections de la droite.

Les constructions des quatre parties de ce problème tombent en défaut lorsque la droite est de profil ; ce cas particulier sera traité comme application des changements de plans (n° **76**).

INDIQUER LES RÉGIONS DE L'ESPACE TRAVERSÉES
PAR UNE DROITE

18. — Comme la trace horizontale hh' (*fig.* 32) se trouve sur la partie antérieure du plan horizontal et la trace verticale vv' sur la partie supérieure du plan vertical, la portion hv, hv' de la droite est contenue dans le dièdre I ; en outre, la droite perçant le premier bissecteur en aa', la partie ha, $h'a'$ est située dans l'angle 1 et la partie av, $a'v'$ dans l'angle 1'.

Puisque la droite rencontre la partie supérieure du deuxième bissecteur en bb', toute la portion de la droite au delà de vv' est dans le dièdre II ; la partie vb, $v'b'$ dans la subdivision 2 et toute la partie à droite de bb' dans la subdivision 2'.

Enfin on conclut des résultats précédents, ou bien, si l'on veut, une ligne de rappel quelconque mm' montre que toute la région $hm...$, $h'm'...$ jusqu'à l'infini à gauche de hh' est dans la subdivision 4' du dièdre IV.

19. Principes généraux de ponctuation. Conventions relatives aux traits. — La ponctuation d'une épure consiste à distinguer, parmi les lignes de l'objet que l'on représente, celles qui sont vues et qu'on fait en traits noirs pleins, celles qui sont cachées et qu'on indique par de petits points noirs régulièrement espacés.

Le diamètre de ces petits points est généralement envi-
ron de moitié inférieur à la largeur des traits noirs
pleins, et l'intervalle de deux petits points consécutifs
approximativement égal à trois fois leur diamètre.

Toutes les lignes de rappel et toutes les lignes de construction, telles que *vz* (*fig.* 32), se font en traits rouges
pleins de grosseur inférieure à celle des traits noirs pleins.

Lorsque exceptionnellement une ligne de construction
a plus d'importance que les autres, on emploie pour elle
des traits rouges arbitraires, par exemple des traits
mixtes composés alternativement de petits traits et de
points.

Enfin on donnera la même grosseur à tous les traits
de la même espèce.

Ces conventions posées, voici les principes sur lesquels
repose la ponctuation des épures :

1° Pour établir la ponctuation de la projection horizontale, on suppose l'observateur placé à l'infini au-dessus
du plan horizontal ; les rayons visuels sont tous parallèles
au plan vertical, en sorte que *le plan vertical n'intervient
en rien dans la ponctuation d'une projection horizontale.*

Pareillement, pour établir la ponctuation de la projection verticale, on conçoit l'observateur placé à l'infini en
avant du plan vertical ; tous les rayons visuels sont parallèles au plan horizontal, et par suite *le plan horizontal
ne doit en rien intervenir dans la ponctuation d'une projection verticale.*

2° Lorsqu'un rayon visuel rencontre un corps en divers
points, celui de ces points qui est le plus rapproché de
l'œil est le seul vu et cache les autres.

A ces principes nous joindrons la convention suivante :
les plans de projection sont supposés opaques et les autres
plans transparents, à moins qu'on n'exprime le contraire.

20. Application à la ponctuation d'une droite.
Soit la droite AA′ (*fig.* 32) qui rencontre le plan horizontal en *hh′* et le plan vertical en *vv′*.

1° *Projection horizontale.* La limite des parties vues

et cachées sur A est le point *h*; la région de la droite au-dessus du point *hh'* est vue en projection horizontale, et l'autre est cachée. Or nous avons montré précédemment qu'un point quelconque de la région de AA' à droite de *hh'*, le point *bb'* par exemple, est au-dessus du plan horizontal; nous en concluons que sur A toute la région *ha*... jusqu'à l'infini à droite de *h* est vue, et l'autre *hm*... jusqu'à l'infini à gauche de *h* est cachée.

2° *Projection verticale*. La limite des parties vues et cachées sur A' est le point *v'*. Or le point *hh'* par exemple est en avant du plan vertical; donc c'est toute la région de la droite contenant ce point, c'est-à-dire la région à gauche de *vv'* qui est vue jusqu'à l'infini en projection verticale. Ainsi donc sur A' la région *v'a'*... jusqu'à l'infini est vue et l'autre *v'b'*... jusqu'à l'infini est cachée.

DROITES PARALLÈLES

21. Théorème. — *Quand deux droites sont parallèles, leurs projections de même nom sont parallèles.*

Soient (*fig.* 33) les deux droites parallèles AB et CD, *ab* et *cd* leurs projections horizontales; les plans projetants BA*a*, DC*c* sont parallèles comme formés, d'une part des droites parallèles AB et CD, d'autre part des droites A*a* C*c* qui sont perpendiculaires au plan

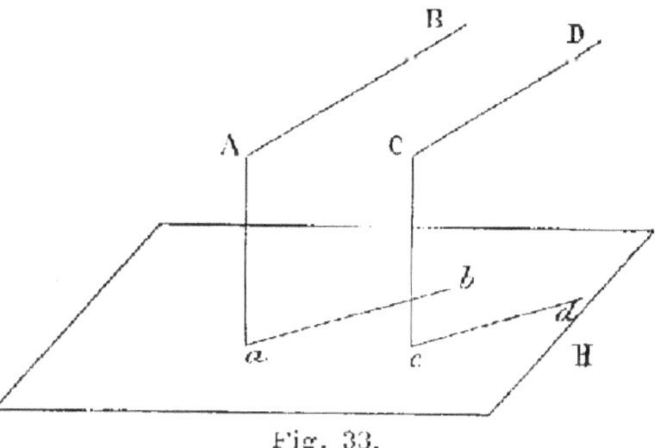

Fig. 33.

horizontal et par suite parallèles entre elles; il en résulte que les intersections *ab* et *cd* de ces deux plans par le plan horizontal de projection sont parallèles entre elles.

Démonstration analogue pour les projections verticales.

22. Réciproquement. — *Lorsque les projections de même nom de deux droites sont parallèles, les deux droites sont elles-mêmes parallèles dans l'espace, à moins que les projections ne soient perpendiculaires à* xy.

Soient les deux droites AB et CD (*fig.* 34) dont les projections horizontales *ab* et *cd* d'une part, et les projections verticales *a'b'* et *c'd'* d'autre part,

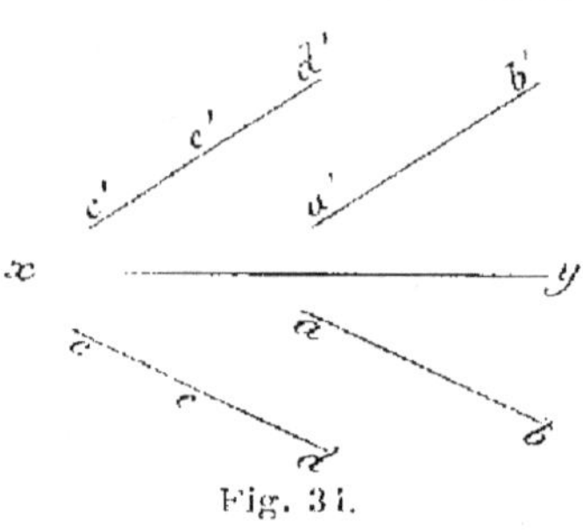

Fig. 34.

sont parallèles entre elles. Menons par le point C la parallèle CE à AB ; les projections de CE (n° **21**), étant respectivement parallèles à *ab* et *a'b'*, coïncident respectivement avec *cd* et *c'd'* ; il en résulte que CE coïncide avec CD comme ayant les mêmes projections, c'est-à-dire que CD est parallèle à AB.

Le théorème n'est pas forcément vrai lorsque les deux droites sont de profil.

23. Problème. — *Mener par un point oo' une droite BB' parallèle à une droite donnée AA'.*

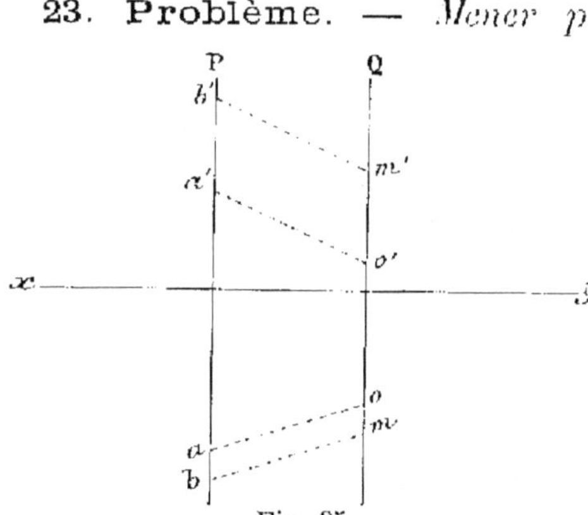

Fig. 35.

On tracera B par *o* parallèlement à A, et B' par *o'* parallèlement à A' (n° **22**).

24. Cas particulier. — *La droite donnée* ab*, *a'b'* est de profil* (*fig.* 35).

Les projections de la droite cherchée sont perpendiculaires à *xy* suivant la ligne de rappel *oo'*. Joignons *ao* et *a'o'* ; traçons *bm* et *b'm'* respectivement parallèles à *ao* et *a'o'* : nous aurons ainsi suivant *om*, *o'm'* les deux projections de la parallèle demandée.

En effet, les deux droites AO, BM sont parallèles (n° 22) et forment un plan qui coupe les deux plans de profil P et Q suivant deux droites parallèles AB et OM.

Donc en résumé, pour construire la parallèle demandée, on prendra les segments *om*, *o'm'* respectivement égaux à *ab*, *a'b'* et dans le même sens que ces deux derniers segments.

DROITES REMARQUABLES

25. — Ce sont les droites parallèles ou perpendiculaires aux plans de projection et à leurs bissecteurs.

1° *Verticale, c'est-à-dire droite perpendiculaire au plan horizontal.* La projection horizontale A est un point, et la projection verticale A' est une droite perpendiculaire à *xy* (*fig.* 36).

La réciproque est immédiate pour ce cas et les six suivants.

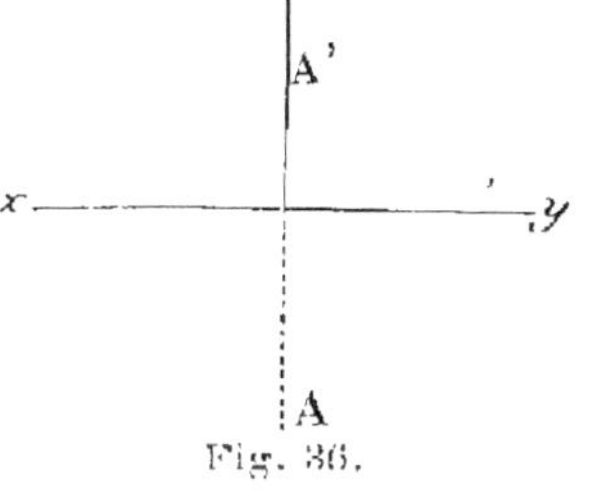
Fig. 36.

2° *Droite debout, c'est-à-dire droite perpendiculaire au plan vertical.* La projection verticale A' est un point, et la projection horizontale A est une droite perpendiculaire à *xy* (*fig.* 37).

3° *Horizontale, c'est-à-dire droite parallèle au plan horizontal.*

Puisque tous les points d'une pareille droite ont la même cote, leurs projections verticales sont

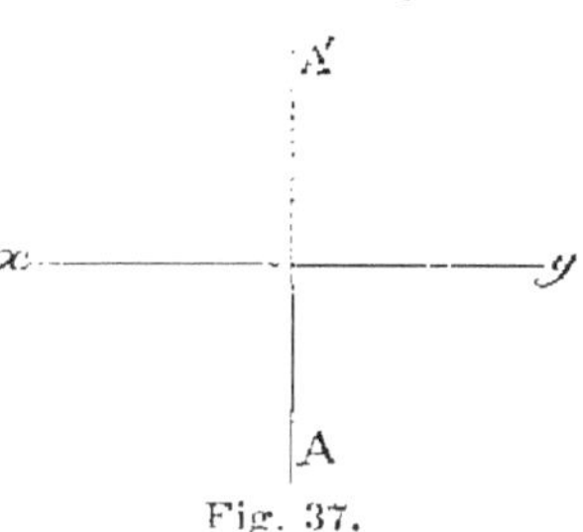
Fig. 37.

équidistantes de la ligne de terre ; il s'ensuit que la projection verticale H' de la droite est parallèle à *xy*, la projection horizontale ayant une direction quelconque. On reconnaît d'ailleurs que la construction (n° **17**) donnant la trace horizontale est ici en défaut (*fig.* 38).

4° *Droite de front, c'est-à-dire droite parallèle au plan vertical.* Un raisonnement analogue au précédent montre que la projection horizontale F est parallèle à xy, tandis que la projection verticale F′ peut avoir une direction quelconque (*fig.* 39). On reconnaît d'ailleurs aisément, en appliquant la construction (n° **17**) qui donne la trace verticale de FF′, que cette trace est rejetée à l'infini.

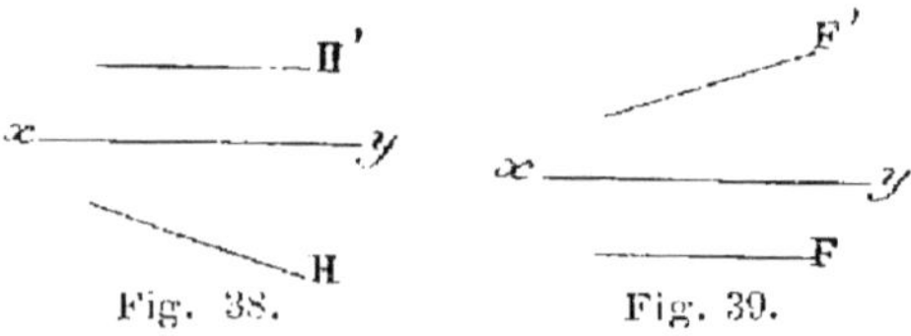

Fig. 38.   Fig. 39.

5° *Droite parallèle à* xy. Les deux projections A et A′ de la droite sont parallèles à xy, c'est un cas particulier des deux précédents (*fig.* 40).

6° *Droite du premier bissecteur.* Un point quelconque

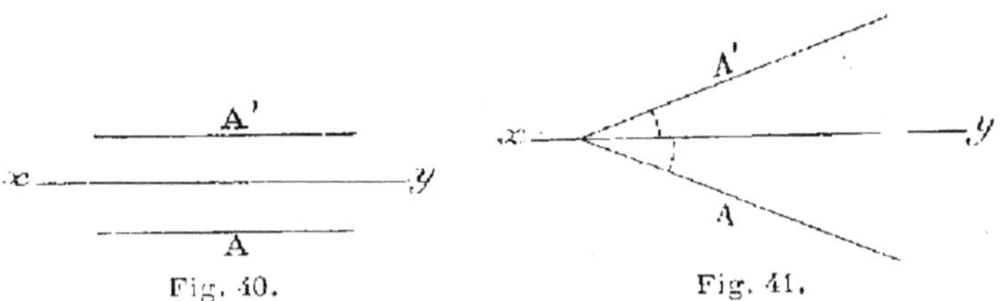

Fig. 40.   Fig. 41.

de la droite ayant ses deux projections symétriques par rapport à xy, les deux projections A et A′ de la droite sont aussi symétriques par rapport à xy (*fig.* 41).

Dans le cas particulier où la droite AA′ du premier bissecteur est parallèle à xy, ses deux projections sont à la fois parallèles à xy et symétriques par rapport à xy (*fig.* 42).

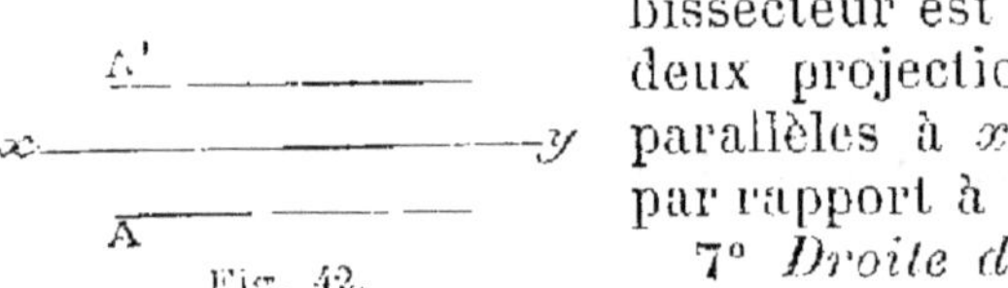

Fig. 42.

7° *Droite du deuxième bissecteur.* Puisqu'un point quelconque de la droite a ses projections confondues, les deux projections A et A′ de la droite sont elles-mêmes confondues (*fig.* 43).

Dans le cas particulier où la droite AA′ du deuxième bissecteur est parallèle à xy, ses deux projections coïncident suivant une parallèle xy (*fig*. 44).

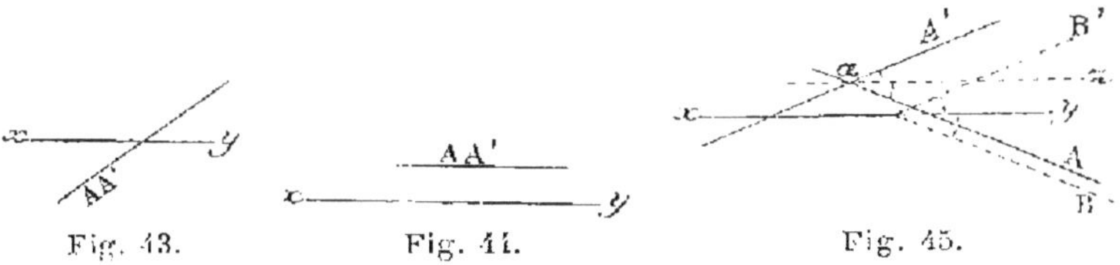

Fig. 43.   Fig. 44.   Fig. 45.

8° *Droite* AA′ *parallèle au premier bissecteur*. Envisageons dans le premier bissecteur une droite BB′ parallèle à AA′ (*fig*. 45), ses deux projections B et B′ sont symétriques par rapport à xy (6°), et, comme elles sont respectivement parallèles à A et A′, il s'ensuit que A et A′ sont également inclinées sur la ligne de terre sans se couper sur elle, en d'autres termes que A et A′ sont symétriques par rapport à la parallèle αz à xy.

Réciproquement. — *Toute droite* AA′ *dont les deux projections forment des angles égaux avec* xy *sans la rencontrer au même point, est parallèle au premier bissecteur*. En effet, menons par un point de xy une droite BB′ parallèle à AA′ (*fig*. 45), ses deux projections B et B′ sont symétriques par rapport à xy, ce qui montre que la droite BB′ se trouve dans le premier plan bissecteur : donc la droite AA′, parallèle à BB′, est parallèle à ce plan.

9° *Droite* AA′ *parallèle au deuxième bissecteur*. Imaginons dans le deuxième bissecteur une droite quelconque BB′ parallèle à AA′ (*fig*. 46); les deux projections de BB′ sont confondues, donc les deux projections A et A′, respectivement parallèles à B et B′, sont parallèles entre elles.

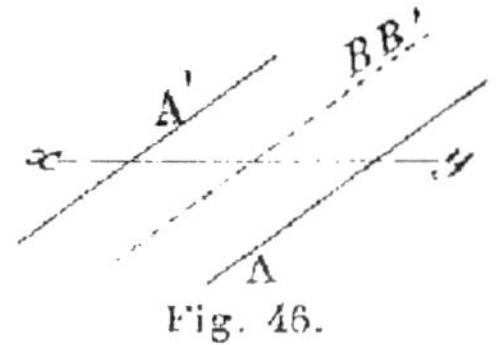

Fig. 46.

Réciproquement. — *Lorsque les deux projections* A *et* A′ *d'une droite sont parallèles entre elles, la droite est parallèle au deuxième bissecteur.*

En effet, menons par un point de xy une droite BB′ parallèle à AA′ (*fig.* 46); ses deux projections B et B′ sont confondues, ce qui montre que la droite BB′ se trouve dans le deuxième plan bissecteur : donc la droite AA′, parallèle à BB′, est parallèle à ce plan.

10° *Droite perpendiculaire au premier bissecteur.* Une pareille droite est de profil, puisqu'elle est perpendiculaire à la ligne de terre. Je dis que dans l'épure ses *deux traces sont symétriques par rapport à* xy.

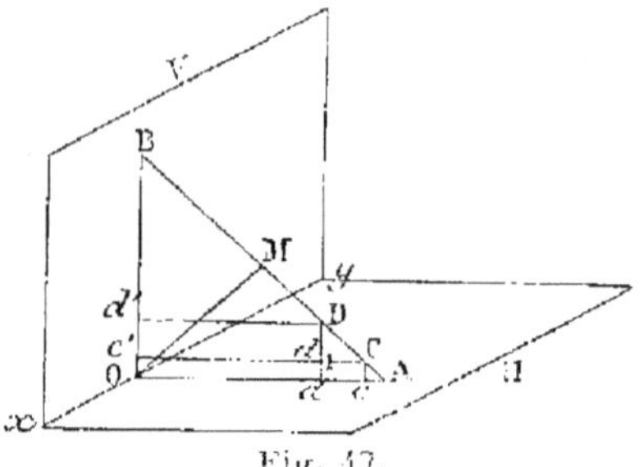

Fig. 47.

En effet, soient AB la droite (*fig.* 47); A, B et M ses points de rencontre avec les deux plans de projection et le premier bissecteur, O le point de rencontre de xy avec le plan de profil mené par la droite. Les deux triangles rectangles OMA, OMB sont égaux comme ayant le côté de l'angle droit OM commun et $\widehat{AOM} = \widehat{BOM} = 45°$; il s'ensuit que OA = OB, et dans l'épure les deux traces sont symétriques par rapport à xy (*fig.* 48).

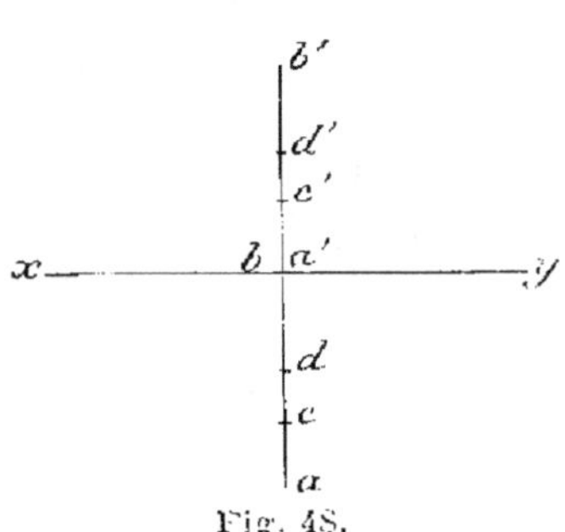

Fig. 48.

Ainsi les deux segments ab et $a'b'$ sont égaux et de même sens.

Plus généralement, on peut montrer que les projections cd et $c'd'$ d'un même segment CD marqué sur la droite AB *sont égales et de même sens.*

En effet, toutes les projetantes des points C et D se trouvent dans le plan de profil AOB. Soit d_1 le point d'intersection des projetantes Dd et Cc' (*fig.* 47), on a : $Cd_1 = cd$ et $Dd_1 = c'd'$. Mais le triangle Dd_1C est semblable au triangle isocèle AOB à cause du parallélisme de leurs côtés; il en résulte que le triangle Dd_1C est isocèle et finalement que l'on a : $cd = c'd'$.

Il est, du reste, manifeste que dans l'épure les segments égaux cd et $c'd'$ seront de même sens (*fig*. 48), puisque des deux points C et D le point D a la plus grande cote, le point C le plus grand éloignement, et que d'ailleurs on rabat OB sur le prolongement de AO.

Réciproquement. — *Toute droite dont les deux traces sont symétriques par rapport à* xy, *est perpendiculaire au premier bissecteur.*

Soit la droite AB dont les traces sont symétriques par rapport à xy; à cause de cette symétrie, B se trouve sur la partie supérieure ou inférieure du plan vertical suivant que A appartient à la partie antérieure ou postérieure du plan horizontal. Relevons le plan vertical, la droite AB est située dans un plan de profil AOB et l'on a : OA = OB (*fig*. 47). Désignons par M le point où AB perce le premier bissecteur; puisque $\widehat{AOM} = \widehat{BOM} = 45°$, la droite OM est bissectrice de l'angle $\widehat{AOB}$; donc elle est en même temps l'une des hauteurs du triangle isocèle AOB.

Mais alors la droite AB étant orthogonale aux droites xy et OM, est perpendiculaire au premier bissecteur qui les contient.

Réciproque plus générale. — *Lorsque les deux projections d'un même segment* CD *d'une droite de profil sont égales et de même sens, la droite* CD *est perpendiculaire au premier bissecteur.*

Prenons la droite dont l'épure est la figure 48; sa portion CD est dans le dièdre I.

Imaginons un mobile partant du point D et marchant dans le sens DC; comme la cote de C est inférieure à celle de D, tandis que l'éloignement de C est supérieur à celui de D, le mobile s'éloigne du plan vertical à mesure qu'il s'approche du plan horizontal; il rencontrera donc le plan horizontal au delà de C en un point A de sa partie antérieure.

On verra de la même façon que la trace verticale B de la droite CD se trouve sur la partie supérieure du plan vertical. Si donc nous montrons que $OA = OB$ (*fig.* 47), nous serons ramenés à la réciproque précédente.

Le plan vertical étant supposé relevé, désignons par d_1 le point d'intersection des projetantes Dd et $C'c'$; on a : $Dd_1 = d'c'$, $Cd_1 = cd$ et le triangle Cd_1D est par suite isocèle. Le triangle AOB qui lui est semblable à cause du parallélisme de leurs côtés, est aussi isocèle, et l'on a finalement $OA = OB$. On achèvera la démonstration comme précédemment.

Cas particulier. — *La droite est perpendiculaire au premier bissecteur et située dans le deuxième bissecteur.*

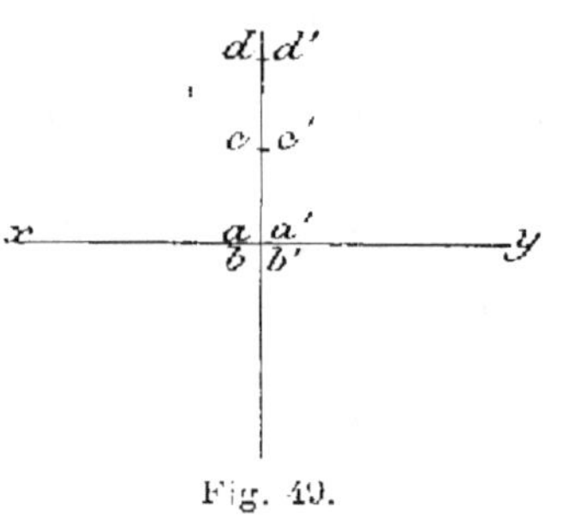

Fig. 49.

Les deux projections Cd, $c'd'$ d'un même élément CD sont confondues suivant une perpendiculaire à xy; les deux traces aa' et bb' se trouvent sur xy (*fig.* 49).

11° *Droite perpendiculaire au deuxième bissecteur.*

Une telle droite est de profil, puisqu'elle est perpendiculaire à la ligne de terre. Je dis que dans l'épure la trace verticale b' et la trace horizontale a coïncident.

En effet, soient M (*fig.* 50) le point de rencontre de la droite AB considérée avec le deuxième bissecteur, O le point de rencontre de xy avec le plan de profil mené par cette droite. Les deux triangles rectangles OMA, OMB sont égaux comme ayant le côté de l'angle droit OM commun et $\widehat{AOM} = \widehat{BOM} = 45°$; il

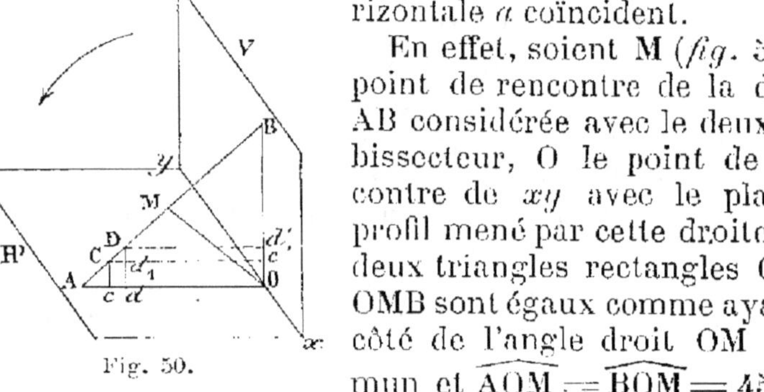

Fig. 50.

s'ensuit que $OA = OB$, et dans l'épure les deux traces b' et a sont confondues (*fig.* 51).

Ainsi les deux segments ab et $a'b'$ sont égaux et de sens contraire.

Plus généralement, on peut montrer que les projections cd et $c'd'$ d'un même segment CD marqué sur la droite AB sont *égales et de sens contraire*.

En effet, toutes les projetantes des points C et D se trouvent dans le plan de profil AOB. Soit d_1 le point d'intersection des projetantes Dd et Cc' (*fig.* 50), on a : $Cd_1 = cd$ et $Dd_1 = c'd'$. Mais le triangle Dd_1C est semblable au triangle isocèle AOB à cause du parallélisme de leurs côtés ; il en résulte que le triangle Dd_1C est isocèle, et finalement que l'on a : $cd = c'd'$.

D'autre part, dans l'épure, cd et $c'd'$ seront dirigés en sens contraire (*fig.* 51) ; car des deux points C et D, le point D a la plus grande cote, le point C le plus grand éloignement, et d'ailleurs on rabat OB sur la direction même de OA.

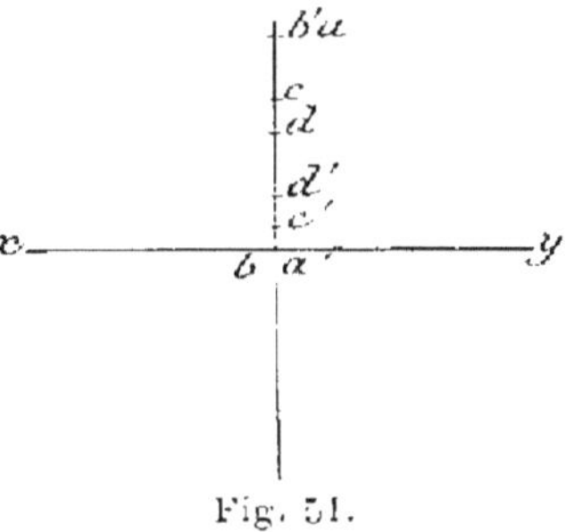

Fig. 51.

Réciproquement. — *Toute droite* AB *dont les deux traces* b' *et* a *coïncident, est perpendiculaire au deuxième bissecteur*. Puisque les traces b' et a sont confondues, le point B se trouvera sur la partie supérieure ou inférieure du plan vertical suivant que le point A appartiendra à la partie postérieure ou antérieure du plan horizontal. Relevons le plan vertical, la droite AB se trouve dans un plan de profil AOB, et l'on a : OA = OB (*fig.* 50). Désignons par M le point où AB perce le deuxième bissecteur ; puisque $\widehat{AOM} = \widehat{BOM} = 45°$, la droite OM est bissectrice de l'angle $\widehat{AOB}$; donc elle est en même temps l'une des hauteurs du triangle isocèle AOB. Mais alors la droite AB, étant orthogonale aux droites xy et OM, est perpendiculaire au deuxième bissecteur qui les contient.

Réciproque plus générale. — *Lorsque les deux projections d'un même segment* CD *d'une droite de profil*

2.

sont égales et de sens contraire, la droite CD *est perpendiculaire au deuxième bissecteur.*

Prenons la droite dont l'épure est la figure 51 ; sa portion CD est dans le dièdre II.

Imaginons un mobile partant du point D et marchant dans le sens DC ; comme la cote de C est inférieure à celle de D, tandis que l'éloignement de C est supérieur à celui de D, le mobile s'éloigne du plan vertical à mesure qu'il s'approche du plan horizontal ; il rencontrera donc le plan horizontal au delà de C en un point A de sa partie postérieure.

On verra de la même façon que la trace verticale B de la droite CD appartient à la partie supérieure du plan vertical ; en sorte que si l'on établit l'égalité OA $=$ OB (*fig.* 50), on sera ramené à la réciproque précédente, etc. On achèvera comme à la deuxième réciproque du dixième cas.

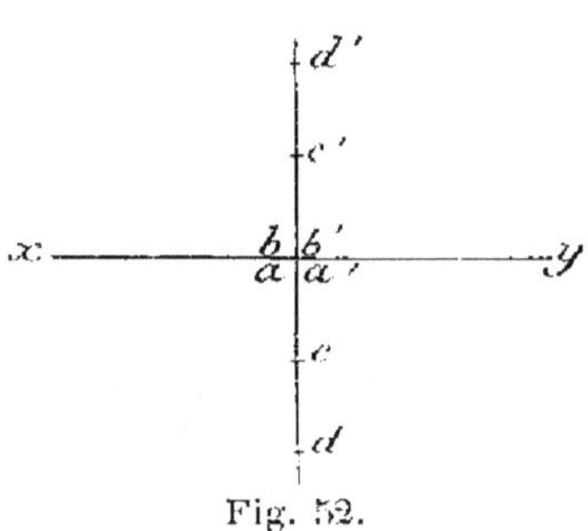

Fig. 52.

Cas particulier. — *La droite* CD *est perpendiculaire au deuxième bissecteur et située dans le premier bissecteur.*

La droite est de profil, ses deux traces *aa'* et *bb'* sont sur *xy* (*fig.* 52) ; enfin les projections de chacun de ses points sont symétriques entre elles par rapport à *xy*.

PERPENDICULAIRES ABAISSÉES D'UN POINT
SUR LES DEUX BISSECTEURS

26. Problème. — *Abaisser d'un point* C *une perpendiculaire* CD *sur le premier bissecteur. Trouver les traces et le pied de cette perpendiculaire.*

On prendra les deux longueurs quelconques *cd*, *c'd'* égales et de même sens (n° **25**, réciproque du dixième cas) (*fig.* 53).

Pour avoir la trace horizontale a, on marquera a' sur xy, et l'on portera dans le même sens que $c'a'$ une longueur ca qui lui est égale.

On déterminera d'une façon analogue la trace verticale b' ; on sait d'ailleurs qu'elle sera symétrique de a par rapport à xy.

Enfin le pied M de la perpendiculaire sur le premier bissecteur est le milieu de AB, cela résulte de la démonstration du dixième cas (n° 25); donc m et m' sont respectivement les milieux de ab et $a'b'$.

27. Problème. — *Abaisser d'un point C la perpendiculaire CD sur le deuxième bissecteur. Trouver les traces et le pied de cette perpendiculaire.*

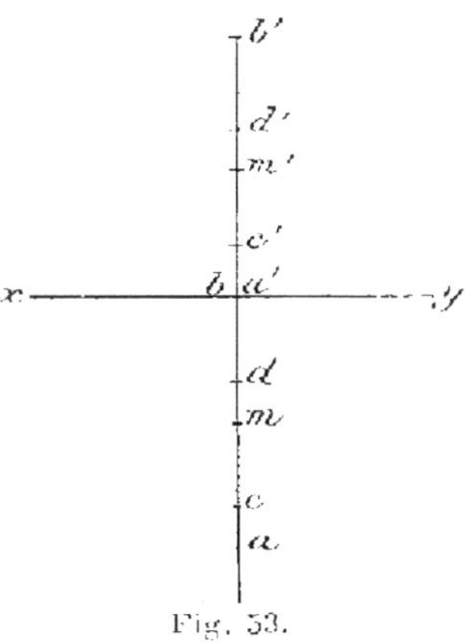

Fig. 53.

On portera en sens inverse (*fig.* 54) deux longueurs quelconques cd et $c'd'$ égales entre elles (n° **25**, réciproque du onzième cas).

Pour obtenir la trace horizontale a, on marquera a' sur xy, et on prendra en sens inverse de $c'a'$ la longueur ca qui lui est égale.

On déterminera de la même façon la trace verticale b' ; on sait du reste qu'elle doit coïncider avec a.

Enfin le pied **M** de la perpendiculaire sur le deuxième bissecteur est le milieu de AB,

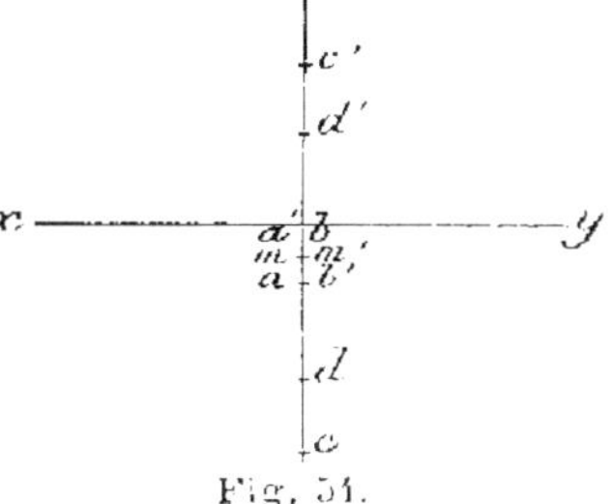

Fig. 54.

ainsi qu'il résulte de la démonstration du onzième cas (n° **25**); donc m est le milieu de ab et m' le milieu de $a'b'$, m et m' coïncidant d'ailleurs.

INTERSECTION DE DEUX DROITES

28. Problème. — *Reconnaître que deux droites se coupent.* Pour que deux droites AA′ et BB′ aient un point commun M, il faut et il suffit que les points de rencontre m et $m′$ de leurs projections de même nom soient sur une même ligne de rappel (*fig.* 55).

1° *La condition est nécessaire. Lorsque deux droites se rencontrent, leurs projections de même nom se coupent en deux points situés sur une ligne de rappel.* Si les deux droites se coupent en un point M, la projection horizontale m de ce point doit se trouver à la fois sur A et B, c'est-à-dire à leur intersection ; de même $m′$ est à l'intersection de A′ et B′, et l'on sait que les deux projections m et $m′$ d'un point M sont sur une même ligne de rappel.

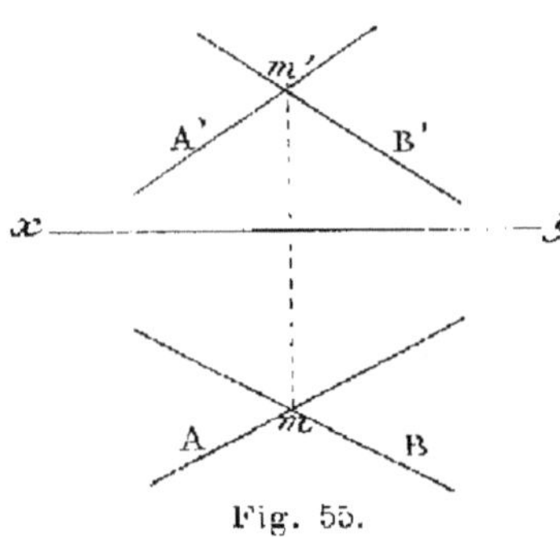

Fig. 55.

2° *La condition est suffisante. Quand les projections de même nom de deux droites se coupent sur une même ligne de rappel, les deux droites se rencontrent dans l'espace.*

En effet, les points de rencontre m des projections horizontales et $m′$ des projections verticales des deux droites, étant sur une même ligne de rappel, définissent (n° 16) un point M de l'espace qui se trouve à la fois sur les deux droites : donc finalement les deux droites considérées se coupent dans l'espace.

29. Remarque. — La condition n'est plus suffisante, lorsque l'une des droites est de profil ; nous traiterons ce cas comme application de la théorie des changements de plans (n° **77**).

30. Cas particulier. — *Les points d'intersection des projections de même nom des deux droites sont hors des li-*

mites de l'épure. La méthode résulte de la remarque suivante : si les deux droites données se coupent, il en est de même de deux autres droites quelconques s'appuyant sur elles, et inversement.

Prenons donc sur AA′ et BB′ deux couples de points quelconques *aa′* et *cc′*, *bb′* et *dd′* (*fig.* 56), et joignons ces points deux à deux de façon à former deux droites *ab*, *a′b′* et *cd*, *c′d′*; si ces deux dernières droites se coupent en un point *oo′*, elles déterminent un

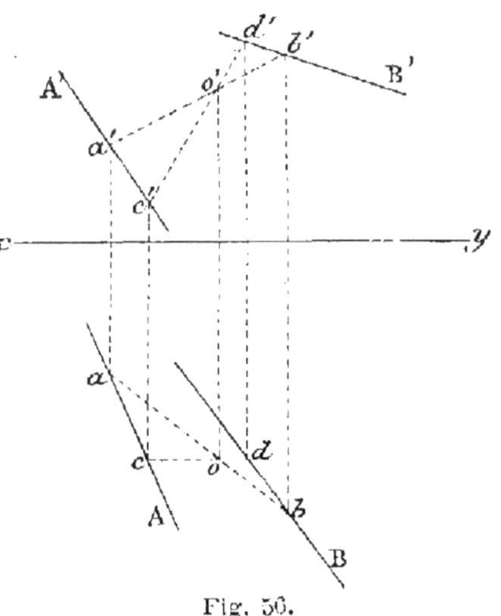

Fig. 56.

plan qui contient les droites données AA′ et BB′ : par suite les droites AA′ et BB′ se coupent.

EXERCICES SUR LE POINT ET LA DROITE

1. — Trouver la projection verticale d'un point, connaissant sa projection horizontale et sachant qu'il est à une distance donnée d'une horizontale donnée ou d'un point donné.

2. — Trouver un point sur une horizontale donnée, connaissant sa distance à un point donné.

3. — Trouver le point d'intersection de deux droites AA′ et BB′, telles que les projections A et B′ coïncident ainsi que A′ et B. Montrer *a priori* que ce point est dans le deuxième bissecteur.

4. — Appliquer la construction du n° **30** au cas où l'une des droites données est quelconque et l'autre de profil, pour reconnaître si les deux droites se coupent.

5. — Mener par un point une droite parallèle à l'un des bissecteurs et dont les projections fassent chacune avec *xy* un angle donné.

6. — Trouver la droite symétrique d'une droite donnée par rapport à l'un des bissecteurs.

7. — Ponctuer le système formé par une droite illimitée, les plans de projection transparents, les plans bissecteurs opaques.

CHAPITRE IV

LE PLAN

31. Représentation. — Le plan peut être représenté en géométrie descriptive par les projections des éléments qui le déterminent, c'est-à-dire les projections soit de trois points non en ligne droite, soit d'une droite et d'un point extérieur à la droite, soit de deux droites concourantes, soit enfin de deux droites parallèles.

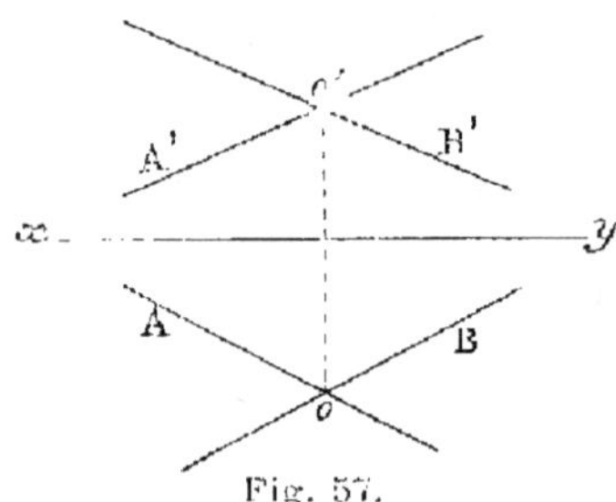

Fig. 57.

En joignant l'un des trois points donnés à chacun des deux autres dans la première hypothèse, le point donné à un point quelconque de la droite donnée dans la seconde hypothèse, un point quelconque de l'une des deux droites parallèles à un point quelconque de l'autre dans la quatrième hypothèse, nous ramènerons toutes les déterminations du plan à celle où l'on se donne deux droites concourantes.

Ainsi les droites AA′ et BB′ qui se coupent en oo' définissent un plan (*fig.* 57).

TRACES D'UN PLAN

32. — Les traces d'un plan sont ses intersections avec les deux plans de projection. Les traces sont parallèles à xy lorsque le plan est parallèle à xy; sinon elles se coupent en un point de xy, qui est le point où xy traverse le plan. Nous verrons que dans le cas particulier où le plan est perpendiculaire au deuxième bissecteur (n° **34**, § VII), ses traces sont en prolongement l'une de l'autre.

Les traces d'un plan, étant deux droites concourantes dans l'espace ou parallèles à xy, peuvent servir à déterminer le plan. Il y a toutefois exception lorsque les traces coïncident avec xy, auquel cas le plan contient xy, et on l'envisage dans tous les problèmes comme défini par xy et une droite quelconque rencontrant xy.

33. Problème. — *Construire les traces d'un plan défini par deux droites concourantes ou parallèles* AA' *et* BB'.

Solution générale. — Pour avoir les traces d'un plan on joint entre elles les traces de même nom de deux droites du plan.

Premier exemple. — *Dans les circonstances ordinaires le plan est déterminé par deux droites concourantes quelconques* AA' *et* BB' *(fig. 58).*

On joindra entre elles les traces horizontales a et b des deux droites, ainsi que leurs traces verticales c' et d', et l'on aura ainsi les traces αP et αP' du plan.

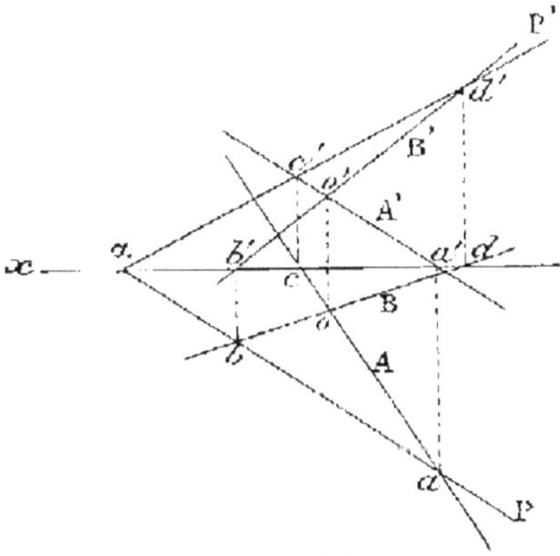

Les constructions sont les mêmes lorsque les deux droites se trouvent

Fig. 58.

parallèles entre elles, mais dirigées d'une façon quelconque dans l'espace.

Si l'une des droites AA' a l'une de ses traces hors des limites de l'épure, on la remplace par une droite quelconque mn, $m'n'$ obtenue en joignant l'un de ses points mm' à un point nn' convenablement choisi sur BB' *(fig. 59)*. Soient h et v' les traces de la droite auxiliaire, b et d' celles de BB' ; les traces du plan sont hb ou αP, et $v'd'$ ou αP'.

Lorsque les deux droites ont leurs traces hors des limites de l'épure, on leur substitue de la même façon deux

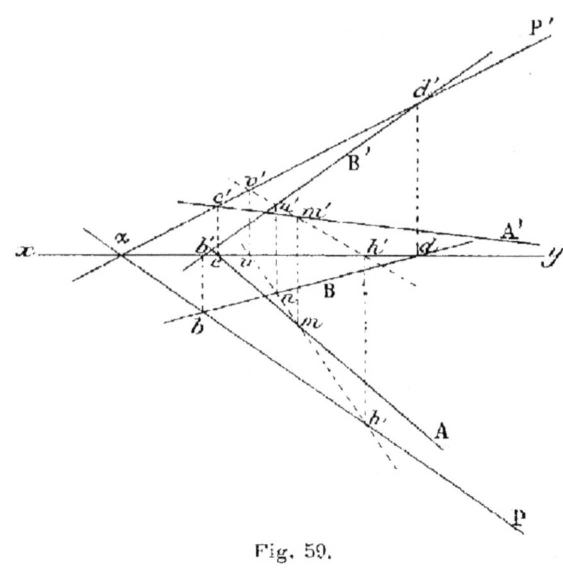

Fig. 59.

autres droites, que l'on obtient en joignant un point de la première à deux points convenablement choisis sur la deuxième.

Deuxième exemple. — *L'une des droites est parallèle à l'un des plans de projection.*

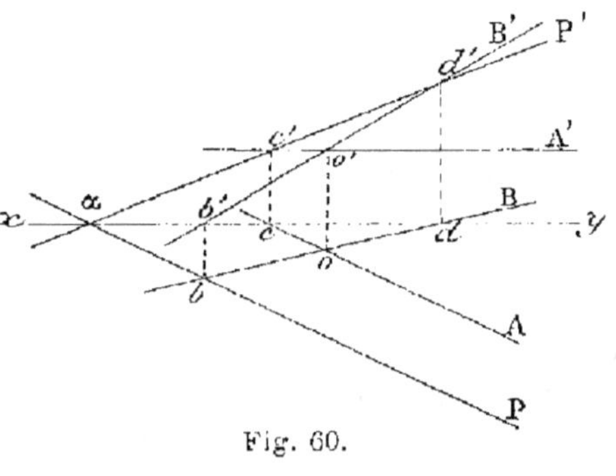

Fig. 60.

Supposons par exemple AA′ parallèle au plan horizontal (*fig.* 60). Le plan considéré et le plan projetant horizontalement de AA′ sont coupés par le plan horizontal de projection, qui est par hypothèse parallèle à AA′, suivant les deux droites αP et A parallèles à la droite AA′ de l'espace et par suite parallèles entre elles. Ainsi donc la trace horizontale du plan est la parallèle αP à A menée par b; la trace verticale $\alpha P'$ est comme à l'exemple général précédent la droite $c'd'$.

Pour obtenir αP, on peut aussi dire que l'on joint la trace horizontale b de BB' à la trace horizontale de AA', cette dernière trace étant rejetée à l'infini ; on rentre ainsi dans la solution générale.

Troisième exemple. — *L'une des droites AA' est horizontale et l'autre BB' est de front.*

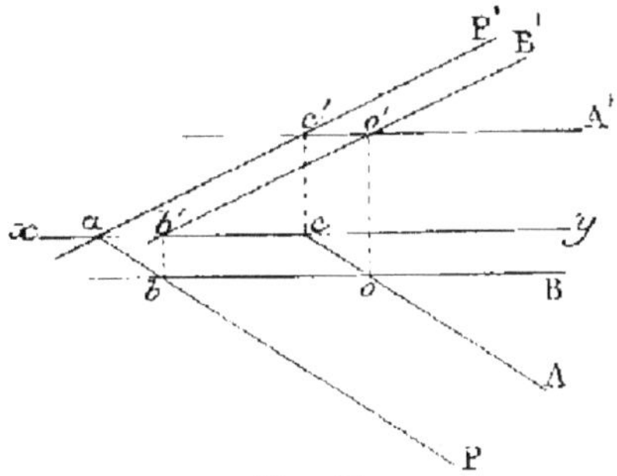

En reprenant le raisonnement du deuxième exemple, on voit que la trace horizontale αP du plan est la parallèle à A menée par la trace horizontale b de BB'. Pareillement la trace verticale $\alpha P'$ est la parallèle à B' menée par la trace verticale c' de AA' (*fig.* 61).

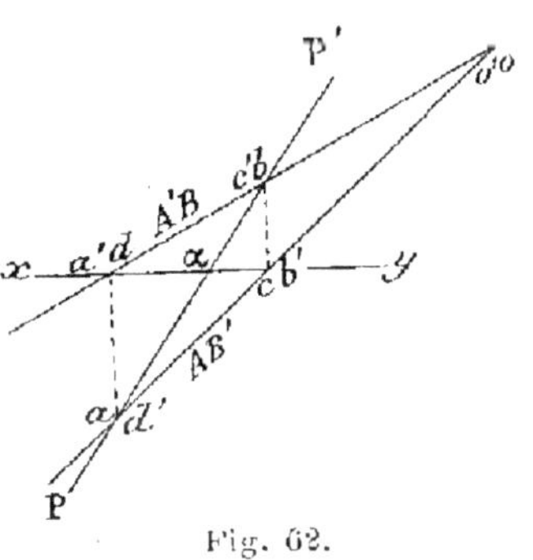
Fig. 61.

En disant que l'on joint b à la trace horizontale rejetée à l'infini de AA' et c' à la trace verticale rejetée à l'infini de BB', on applique ainsi textuellement la solution générale.

Quatrième exemple. — *Les projections de noms différents des deux droites coïncident.*

Les traces de AA' sont a et c', celles de BB' sont b et d' respectivement confondues avec c' et a (*fig.* 62) ; donc les traces αP et $\alpha P'$ du plan sont confondues suivant la même droite ab.

Fig. 62.

Cinquième exemple. — *Les projections A et A' de l'une des droites sont en prolongement.*

La droite AA′ est située dans le deuxième bissecteur et rencontre par suite les deux plans de projection en α.

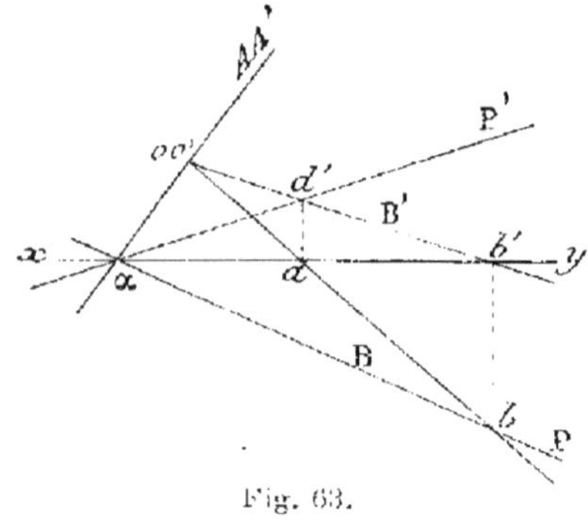

Soient b et d' (*fig.* 63) les traces de BB′ ; les traces du plan sont αb et $\alpha d'$.

Sixième exemple. — *Les projections de chacune des droites données sont en ligne droite.*

Les droites sont dans le deuxième bissecteur et rencontrent les plans de projection en α et β ; leur

Fig. 63.

plan n'est donc autre que le deuxième bissecteur, il est défini par xy et le point oo' (*fig.* 64).

Septième exemple. — *L'une des droites AA′ est parallèle à* xy, *l'autre* BB′ *est quelconque.*

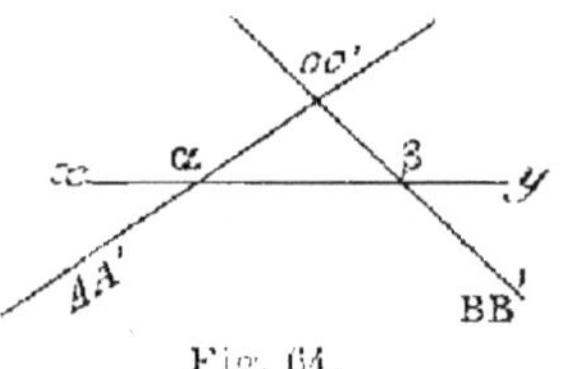

Fig. 64.

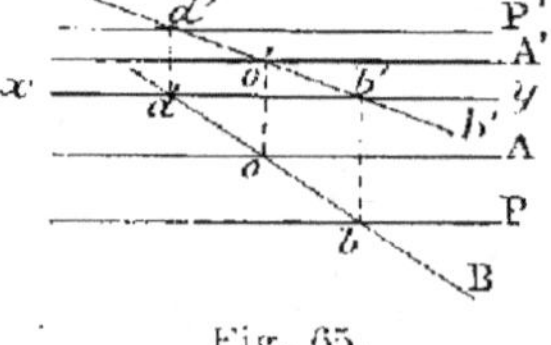

Fig. 65.

Le plan est parallèle à xy, et par suite ses traces sont parallèles à xy. Soient b et d' les traces de BB′ ; en menant par ces points des parallèles à xy, nous aurons respectivement la trace horizontale P et la trace verticale P′ du plan des deux droites (*fig.* 65).

On peut aussi dire que l'on a joint b et d' aux traces rejetées à l'infini de AA′, et l'on rentre ainsi dans la solution générale.

Remarque. — Lorsque le point d'intersection des deux droites est sur xy, ce point α appartient aux deux traces du plan. Pour avoir un deuxième point sur chacune de ces traces, on cherche les traces h et v' d'une droite auxiliaire quelconque du plan, droite que l'on obtient en joignant un point quelconque mm' de AA' à un point quelconque nn' de BB'; on substitue ainsi la droite auxiliaire à l'une des droites données.

Exemples. — 1° *Les deux droites* AA' *et* BB' *sont arbitrairement dirigées dans l'espace.*

Ainsi que nous venons de l'expliquer, les deux traces αP et αP' sont respectivement les droites αh et $\alpha v'$ (*fig.* 66).

2° *Les deux droites sont parallèles à* xy.

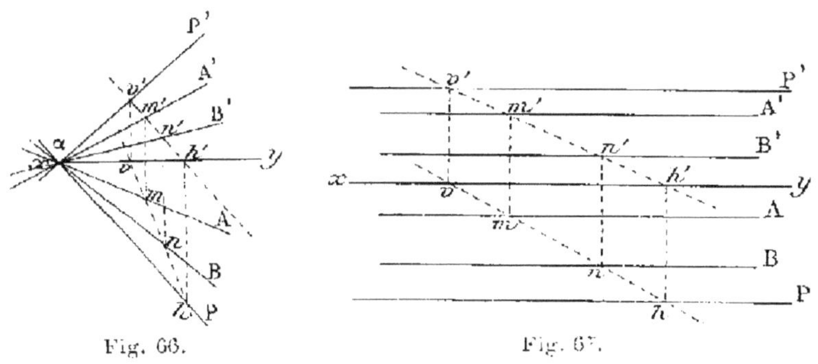

Fig. 66. Fig. 67.

Le plan est parallèle à xy, et ses traces sont par suite les parallèles à xy menées par h et v' (*fig.* 67).

On peut ramener cet exemple au précédent, en disant que l'on joint h et v' au point α qui est rejeté à l'infini.

PLANS REMARQUABLES. PROPRIÉTÉS DE LEURS TRACES

34. — Les plans remarquables sont les plans perpendiculaires ou parallèles aux plans de projection et à leurs bissecteurs.

§ I. — PLAN VERTICAL

1° **Théorème.** — *Lorsqu'un plan* PαP' *est vertical, c'est-à-dire perpendiculaire au plan horizontal, sa trace verticale est perpendiculaire à* xy. En effet, αP' est perpendiculaire au plan horizontal comme intersection du plan donné et du plan vertical de projection, tous deux

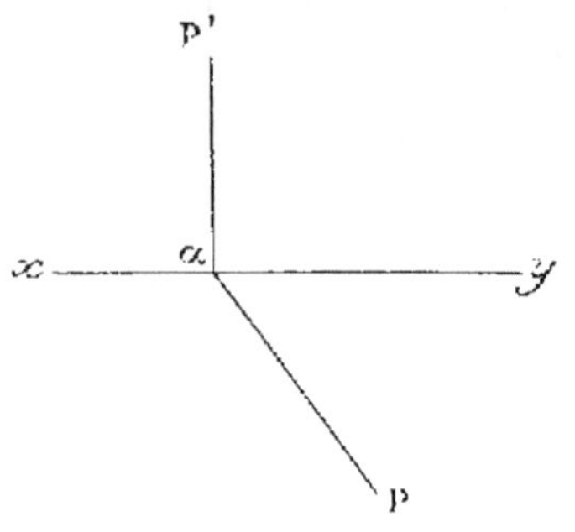

Fig. 68.

perpendiculaires au plan horizontal; par suite $\alpha P'$ est perpendiculaire à xy (*fig.* 68).

2° Théorème inverse. — *Tout plan* $P\alpha P'$ *dont la trace verticale est perpendiculaire à* xy, *est un plan vertical.*

En effet, puisque les deux plans de projection sont rectangulaires et que $\alpha P'$ est par hypothèse perpendiculaire à leur intersection, $\alpha P'$ est aussi perpendiculaire au plan horizontal, et finalement le plan $P\alpha P'$ qui passe par $\alpha P'$ est un plan vertical (*fig.* 68).

3° Théorème. — *Tout point* A *d'un plan vertical* $P\alpha P'$ *se projette horizontalement en* a *sur la trace horizontale du plan.*

En effet, d'après un théorème du cinquième livre de géométrie, la projetante du point A relative au plan horizontal se trouve tout entière dans le plan vertical $P\alpha P'$; par suite sa trace horizontale a, c'est-à-dire la projection horizontale de A, est un point de αP (*fig.* 69).

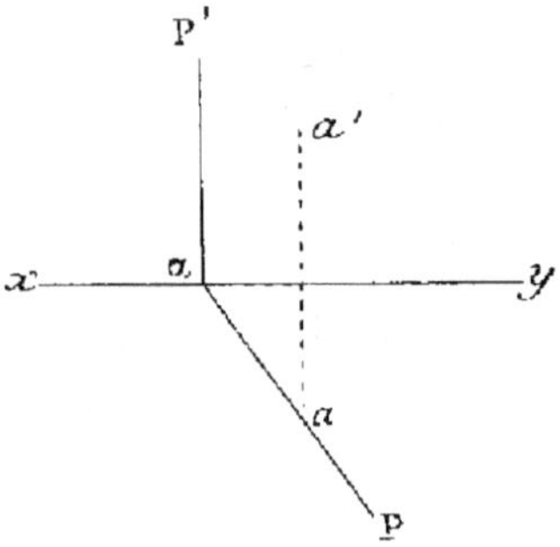

Fig. 69.

4° Théorème inverse. — *Tout point* A *qui se projette horizontalement en* a *sur la trace horizontale d'un plan vertical* $P\alpha P'$, *est un point de ce plan.*

En effet, la projetante issue de a se trouve tout entière

dans le plan vertical PαP′, et finalement ce plan contient le point A.

§ II. — Plan debout

1° Théorème. — *Quand un plan PαP′ est debout, c'est-à-dire perpendiculaire au plan vertical de projection, sa trace horizontale est perpendiculaire à xy.*

2° Théorème inverse. — *Tout plan PαP′ dont la trace horizontale est perpendiculaire à xy est un plan debout (fig. 70).*

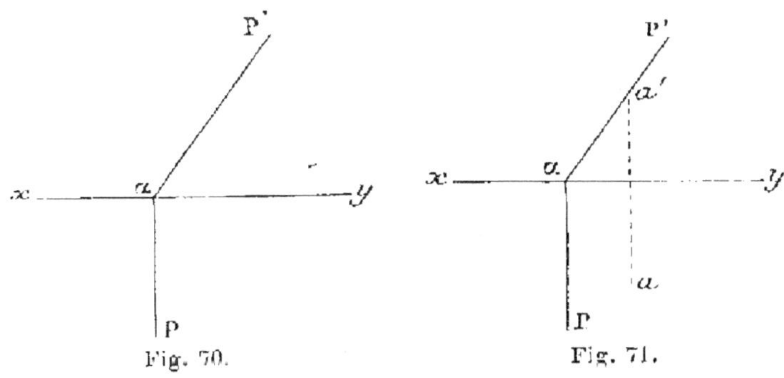

3° Théorème. — *Tout point A d'un plan debout PαP′ se projette verticalement en a′ sur la trace verticale du plan.*

4° Théorème inverse. — *Tout point A qui se projette verticalement en a′ sur la trace verticale d'un plan debout PαP′, est un point de ce plan (fig. 71).*

Démonstrations analogues à celles des quatre théorèmes précédents.

§ III. — Plan de front.

C'est un plan parallèle au plan vertical de projection et par conséquent un cas particulier du *plan vertical*. La trace verticale est rejetée à l'infini, et la trace horizontale

est parallèle à *xy* (*fig.* 72). Tout point A du plan se projette horizontalement sur la trace horizontale P, et toute

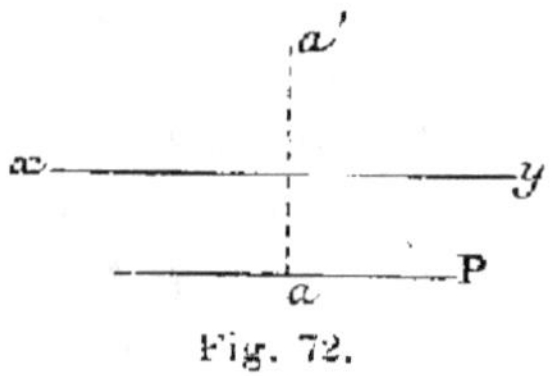

Fig. 72.

figure du plan se projette verticalement suivant une
figure égale.

§ IV. — PLAN HORIZONTAL

C'est un plan parallèle au plan horizontal de projection,
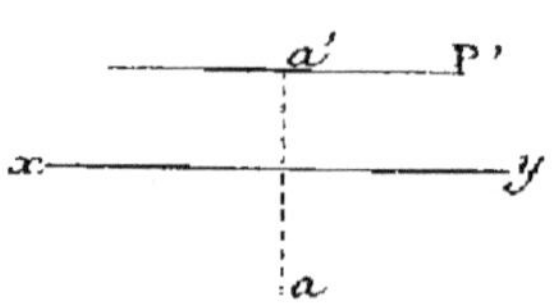
et par conséquent un cas particu-
lier du *plan debout*. La trace horizontale est rejetée à l'infini, et la
trace verticale est parallèle à *xy*
(*fig.* 73).

Fig. 73.

Tout point A du plan se projette verticalement sur sa trace
verticale P', et toute figure du plan se projette horizontalement suivant une figure égale.

§ V. — PLAN DE PROFIL

C'est un cas particulier du plan vertical et du plan
debout (n° **15**, 3°); ses deux traces sont confondues sui-

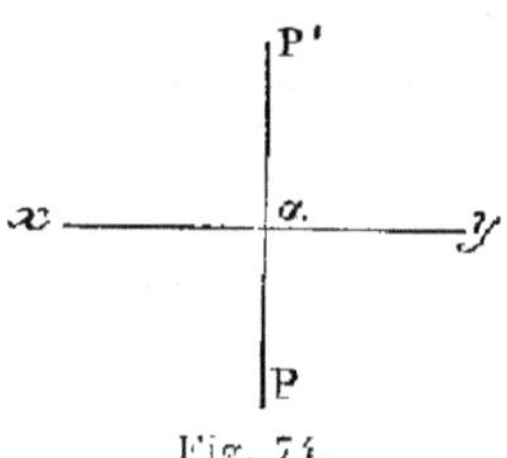

Fig. 74.

vant une même perpendiculaire à *xy* (*fig.* 74).

§ VI. — Plan perpendiculaire au premier bissecteur

Théorème. — *Les traces de tout plan* PαP' *perpendiculaire au premier bissecteur sont symétriques entre elles par rapport à* xy.

En effet, marquons dans le plan PαP' une droite de profil quelconque *ab*, *a'b'* (*fig.* 75) en joignant par une ligne de rappel le point *aa'* de la trace horizontale au point *bb'* de la trace verticale; cette droite est perpendiculaire au premier bissecteur, puisqu'elle est l'intersection du plan donné et d'un plan de profil, tous deux perpendiculaires au premier bissecteur. Or on sait qu'une telle droite a ses traces *a* et *b'*

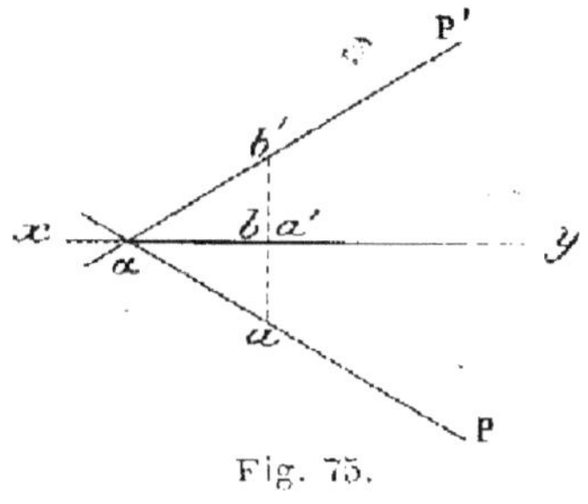

Fig. 75.

symétriques par rapport à *xy*; donc les traces αa et $\alpha b'$ du plan sont aussi symétriques par rapport à *xy*.

Théorème inverse. — *Tout plan* PαP' *dont les traces sont symétriques par rapport à* xy, *est perpendiculaire au premier bissecteur.*

En effet, traçons dans le plan PαP' une droite de profil quelconque *ab*, *a'b'* (*fig.* 75); ses traces *a* et *b'* seront symétriques par rapport à *xy*, puisque par hypothèse les traces du plan sont symétriques par rapport à *xy*. Or nous savons qu'une telle droite est perpendiculaire au premier bissecteur; donc le plan PαP' qui la contient, est aussi perpendiculaire au premier bissecteur.

§ VII. — Plan perpendiculaire au deuxième bissecteur

Théorème. — *Tout plan* PαP' *perpendiculaire au deuxième bissecteur a ses traces en prolongement l'une de l'autre.*

En effet, marquons dans le plan PαP' une droite de profil quelconque ab, $a'b$ (*fig*. 76), en joignant par une même ligne de rappel un point quelconque aa' de la trace horizontale à un point quelconque bb' de la trace verticale ; cette droite sera perpendiculaire au deuxième bissecteur, puisqu'elle est l'intersection du plan considéré et d'un plan de profil, tous deux perpendiculaires au deuxième bissecteur. Or on sait qu'une telle droite a ses traces a et b' confondues ; donc les traces aa et ab' du plan $P\alpha P'$ sont aussi confondues.

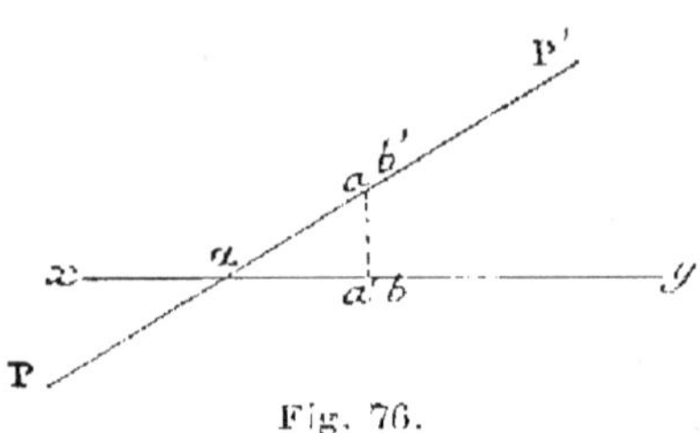

Fig. 76.

Théorème inverse. — *Tout plan $P\alpha P'$ dont les deux traces sont confondues, est perpendiculaire au deuxième bissecteur.*

En effet, marquons dans le plan $P\alpha P'$ une droite de profil quelconque ab, $a'b'$ (*fig*. 76) ; ses deux traces a et b' sont confondues, puisque par hypothèse les traces du plan $P\alpha P'$ sont en prolongement l'une de l'autre. Or nous savons qu'une telle droite est perpendiculaire au deuxième bissecteur ; donc le plan $P\alpha P'$ qui la contient, est aussi perpendiculaire au deuxième bissecteur.

§ VIII. — Plan parallèle au deuxième bissecteur

Un pareil plan est à la fois parallèle à xy et perpendiculaire au premier bissecteur ; donc ses traces sont deux droites *parallèles à* xy *et symétriques par rapport à* xy (*fig*. 77).

Inversement, tout plan PP' *dont les traces sont parallèles à* xy *et symétriques par rapport à* xy, *est à la fois parallèle à* xy *et perpendiculaire au premier bissecteur ;* ce plan et le deuxième bissecteur sont parallèles, puisqu'on peut les regarder comme déterminés : l'un, par la droite xy et une perpendiculaire au premier bissecteur ; l'autre, par la droite **P** parallèle à xy et une perpendiculaire au premier bissecteur.

§ IX. — PLAN PARALLÈLE AU PREMIER BISSECTEUR

Un tel plan est à la fois parallèle à xy et perpendiculaire au deuxième bissecteur ; donc ses traces sont *confondues suivant une parallèle à* xy (*fig.* 78).

Inversement, tout plan PP' *dont les traces coïncident suivant une parallèle à* xy *est à la fois parallèle à* xy *et perpendiculaire au deuxième bissecteur.*

On observera de plus que ce plan et le premier bissecteur sont parallèles, puisqu'on peut les regarder comme déterminés : l'un, par la droite xy et une perpendiculaire au deuxième bissecteur ; l'autre, par la droite **P** parallèle à xy et une perpendiculaire au deuxième bissecteur.

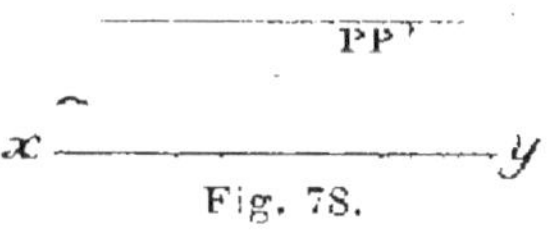

Fig. 78.

PONCTUATION DU PLAN

35. — Proposons-nous de représenter le plan *indéfini* et *opaque* formé par les droites concourantes AA' et BB', les plans de projection étant aussi *opaques* et *illimités* (*fig.* 79).

1° *Projection horizontale.* La trace horizontale αP est vue tout entière, puisqu'elle ne traverse pas le plan horizontal, et que d'ailleurs (n° **19**) le plan vertical n'intervient en rien dans la ponctuation d'une projection horizontale.

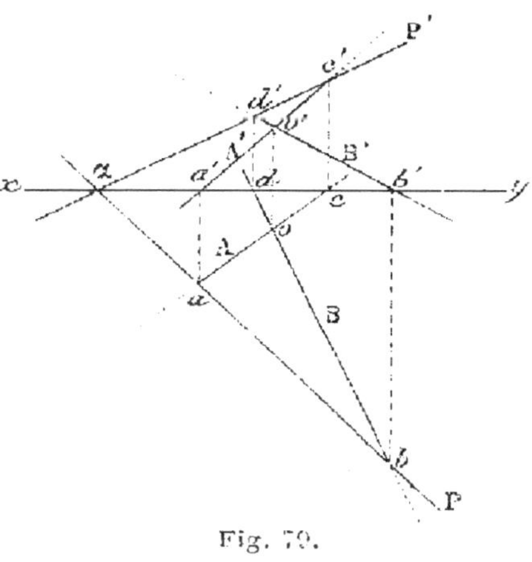

Fig. 79.

Les portions ac et bd des projections horizontales des

deux droites AA' et BB' sont vues à partir de a et b jusqu'à l'infini, tandis que les autres portions jusqu'à l'infini au-dessous sont cachées (n° 20).

2° *Projection verticale.* Pareillement la trace verticale αP' est vue tout entière, puisqu'elle ne traverse pas le plan vertical, et que d'ailleurs le plan horizontal n'intervient pas dans la ponctuation d'une projection verticale.

Passons maintenant aux droites AA' et BB'.

Les régions $d'b'$ et $c'a'$ jusqu'à l'infini à partir de c' et d' sont vues, tandis que les autres sont cachées (n° 20).

DÉTERMINATION D'UNE DROITE QUELCONQUE, D'UNE HORIZONTALE, D'UNE DROITE DE FRONT D'UN PLAN

36. Problème. — *Prendre dans un plan donné une droite quelconque CC', une horizontale quelconque HH', une droite de front quelconque FF'.*

1° LE PLAN EST DÉTERMINÉ PAR DEUX DROITES CONCOURANTES AA', BB'

Droite quelconque. Le problème a été traité incidemment (n° 33, 1er *exemple*).

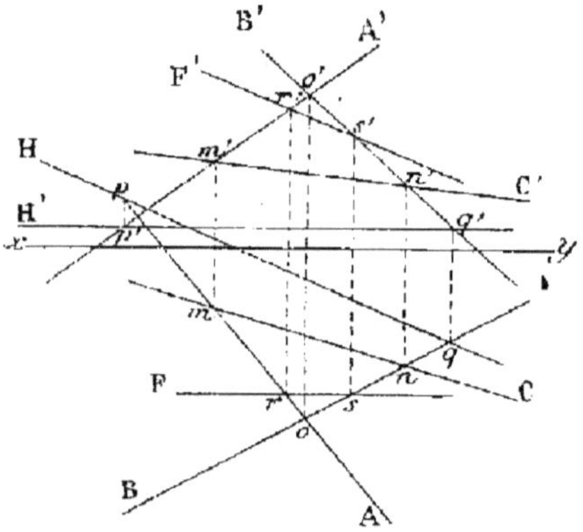

En joignant un point quelconque mm' de AA' à un point quelconque nn' de BB', on obtient une droite CC' du plan (*fig.* 80).

Horizontale. Joignons un point quelconque pp' de AA' au point qq' de BB' qui est tel que $p'q'$ soit parallèle à xy; nous aurons ainsi une horizontale HH' du plan.

Fig. 80.

Droite de front. Pareillement prenons sur AA' et BB'

deux points *rr'* et *ss'* quelconques, mais tels que *rs* soit parallèle à *xy* ; en joignant ces deux points, nous aurons la ligne de front FF' du plan.

2° LE PLAN EST DÉTERMINÉ PAR SES TRACES

Droite quelconque. Soit le plan PαP' ; joignons un point quelconque *mm'* de la trace horizontale à un point quelconque *nn'* de la trace verticale, nous aurons ainsi une droite CC' du plan (*fig.* 81).

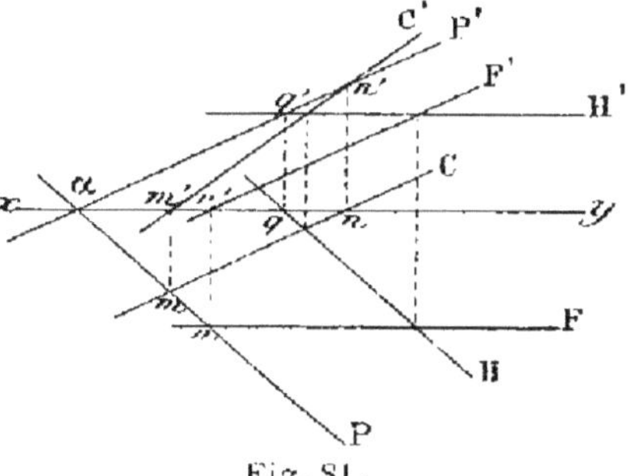

Fig. 81.

Horizontale. Nous prenons la projection verticale H' qui est parallèle à *xy* ; nous en déduisons la trace verticale *q'q* de notre horizontale, et enfin sa projection horizontale H qui est parallèle à αP, puisque deux horizontales d'un même plan sont parallèles entre elles.

On peut aussi dire qu'on a joint le point *qq'* de la droite *xy*, αP' au point *pp'* rejeté à l'infini sur la droite αP, *xy* ; on retombe ainsi sur les constructions du cas précédent :

Droite de front. Pareillement prenons un point *rr'* sur la trace horizontale du plan, puis menons F parallèle à *xy* et F' parallèle à αP' ; nous aurons la droite de front FF'.

37. Remarque. — Comme vérification des constructions, deux droites telles que CC' et HH', ou bien HH' et FF', situées dans un même plan, doivent se couper.

38. Cas particulier. — *Le plan défini par ses traces est parallèle à* xy.

Les constructions que nous avons suivies, pour obtenir une horizontale et une ligne de front quelconques d'un plan défini par ses traces, tombent en défaut lorsque le plan est parallèle à *xy*.

Dans ce cas (*fig.* 82), on trace une droite quelconque *mn*, *m'n'* du plan par le procédé indiqué (n° 36), et par un

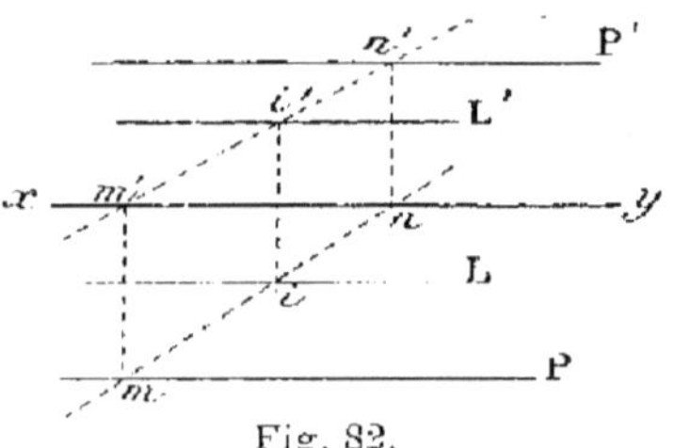

point *ii'* de cette droite on mène la parallèle LL' à *xy*. Cette droite LL' est située dans le plan, puisque le point *ii'* appartient au plan ; c'est à la fois une horizontale et une droite de front du plan.

Fig. 82.

39. Problème. — *Étant donnée l'une des projections d'une droite d'un plan, trouver l'autre projection.*

LE PLAN EST DONNÉ PAR DEUX CONCOURANTES AA', BB'

Supposons qu'on donne la projection horizontale C d'une droite CC' du plan ; la droite CC' rencontre AA', BB' en des points qui sont projetés horizontalement en *a*, *b*

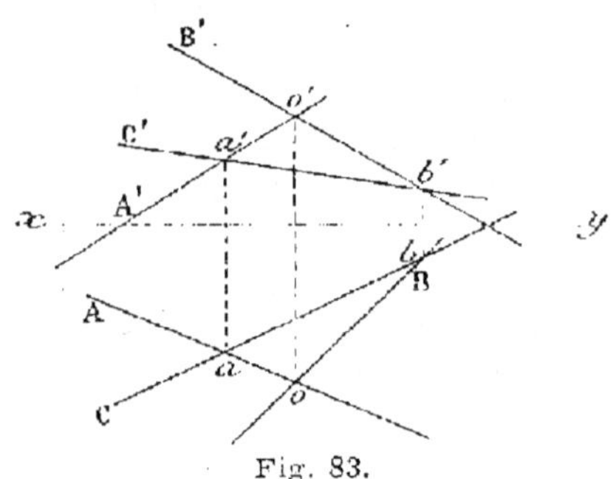

Fig. 83.

et dont les projections verticales sont par suite *a'* et *b'*. Finalement la projection verticale cherchée est *a'b'* ou C' (*fig.* 83).

LE PLAN EST DONNÉ PAR SES TRACES

Les raisonnements sont les mêmes qu'au cas précédent, à condition d'y remplacer AA' et BB' respectivement par les traces αP, xy et xy, $\alpha P'$ du plan (*fig.* 84).

40. Remarque I. — Lorsque C ne coupe pas la projection horizontale de l'une des droites du plan dans les limites de l'épure, on substitue à cette droite une autre droite convenablement choisie dans le plan, ainsi que nous l'avons fait au n° **33** (1er *exemple*).

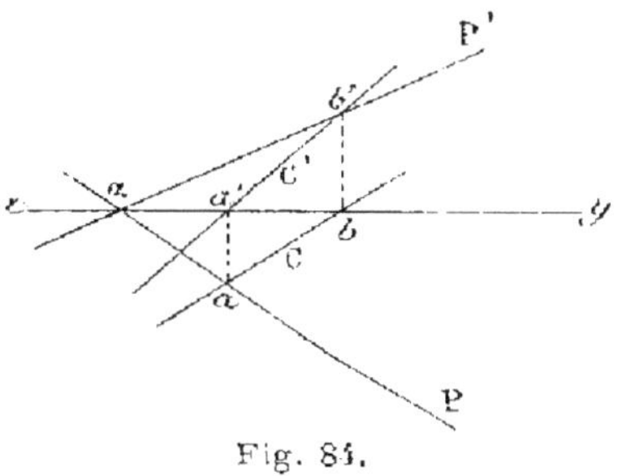

Fig. 84.

Lorsque le plan est défini par deux droites concourantes, le problème admet comme cas particulier la recherche des traces du plan ; il suffit en effet de prendre C confondue avec xy, et alors C′ devient la trace verticale du plan.

41. Remarque II. — Le but du problème que nous venons de traiter ne diffère pas de celui du précédent, quoiqu'ils soient énoncés en des termes différents.

42. Remarque III. — Les deux traces d'un plan étant deux droites qui se coupent à distance finie ou infinie, il ne peut y avoir de différence entre les plans définis par leurs traces et les plans déterminés par deux droites quelconques, au point de vue des solutions des problèmes précédents, et l'on pourra encore l'observer à tous les problèmes relatifs au plan : les épures seront bien entendu différentes, mais les solutions resteront générales.

43. Problème. — *Étant donnée l'une des projections d'un point d'un plan, trouver l'autre projection.*

LE PLAN EST DÉTERMINÉ PAR DEUX DROITES CONCOURANTES

Supposons qu'on donne la projection verticale m' ; construisons une droite quelconque CC′ du plan dont la projection verticale C′ est tracée par *m′*, nous en déduisons

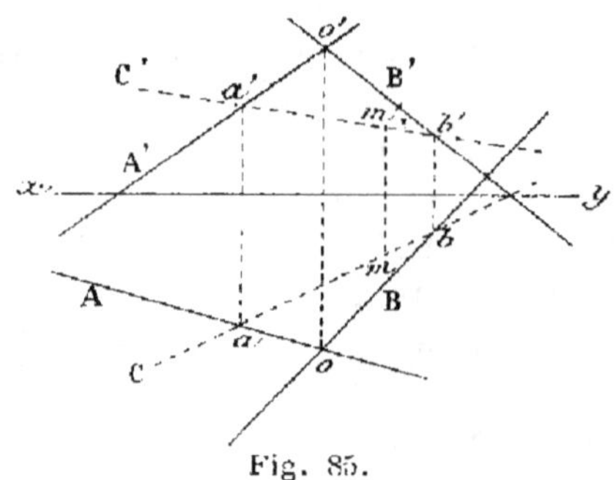

Fig. 85.

sa projection horizontale C (n° **39**), et il ne reste plus qu'à rappeler *m′* en *m* sur C (*fig.* 85).

LE PLAN EST DÉFINI PAR SES TRACES

La solution est la même (*fig.* 86).

44. Remarque I. — Lorsqu'on doit traiter ce problème et en même temps certains autres problèmes dans une même épure, il devient quelquefois avantageux d'employer, au lieu d'une droite quelconque CC′, une horizontale ou une droite de front du plan.

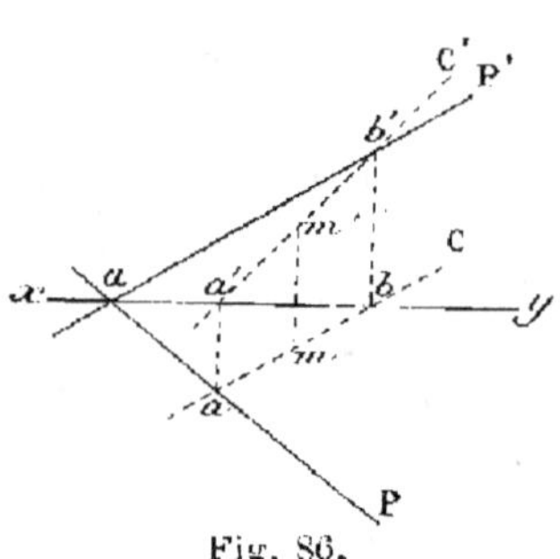

Fig. 86.

45. Remarque II. — Le problème peut encore s'énoncer de la façon suivante :

Marquer un point dans un plan donné ou encore trouver l'intersection d'une verticale ou d'une droite debout avec un plan donné.

46. Problème. — *Mener par un point* mm′ *un plan parallèle à un plan donné.*

LE PLAN EST DÉTERMINÉ PAR DEUX DROITES CONCOURANTES
AA′ et BB′

On sait que deux plans déterminés par des droites parallèles sont parallèles. On mènera par mm' les droites CC′

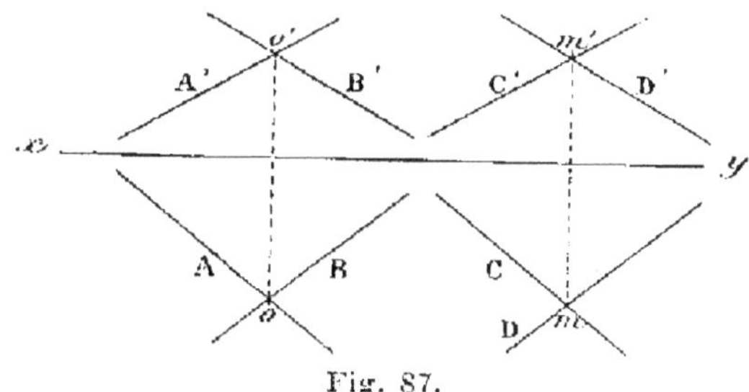

Fig. 87.

et DD′ respectivement parallèles aux droites AA′ et BB′ ; le plan (CC′, DD′) est le plan cherché (*fig.* 87).

LE PLAN EST DÉTERMINÉ PAR DEUX DROITES PARALLÈLES
AA′, BB′

On substitue à l'une des deux droites une autre droite

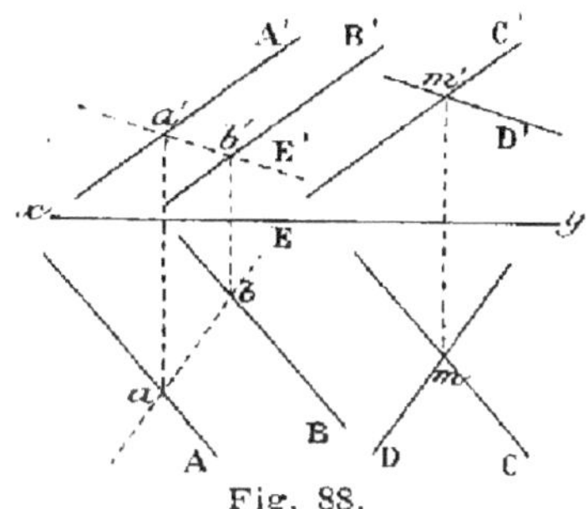

Fig. 88.

quelconque EE′ du plan, et on est ramené au cas précédent (*fig.* 88).

LE PLAN EST DÉFINI PAR SES TRACES

On prend dans le plan PαP′ une droite quelconque CC′ (*fig.* 89), par mm' on mène une parallèle DD′ à cette droite, on cherche les traces d et c' de DD′, et par ces

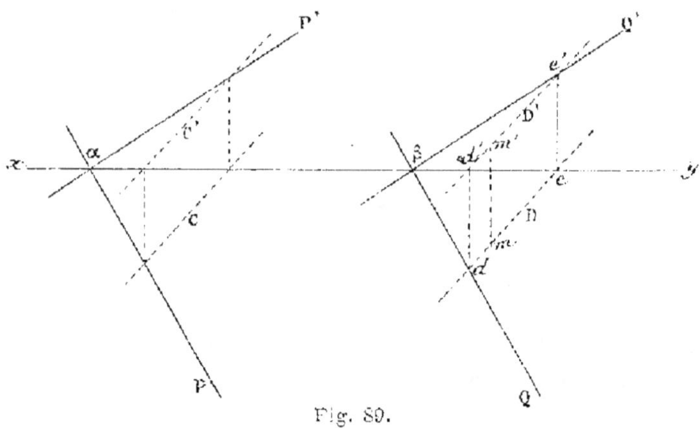

Fig. 89.

traces on mène respectivement dQ et c'Q′ parallèles à αP et αP′. Les deux plans QβQ′ et PαP′ sont parallèles comme formés de droites parallèles.

Comme vérification dQ et e'Q′, traces du plan demandé, se coupent en β sur xy.

Nous avons appliqué au plan PαP′ la méthode géné-rale avec une droite quelconque ; il est toutefois plus avan-tageux de se servir d'une horizontale ou d'une droite de front au lieu d'une droite quelconque. Soit le plan PαP′ (*fig.* 90); xy, αP est l'une de

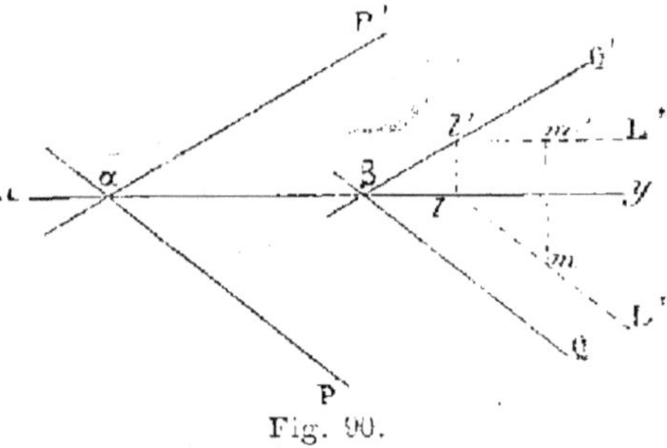

Fig. 90.

ses horizontales ; menons sa parallèle LL′ ; cherchons la trace verticale l' de LL′, traçons par l' la droite βQ′ parallèle à αP′ et enfin menons βQ parallèle à αP. Les deux plans PαP′ et QβQ′ sont parallèles comme formés de droites parallèles.

Les constructions que nous avons indiquées à l'aide d'une droite quelconque CC′, sont absolument générales ; elles s'appliquent même au cas suivant :

Cas où le plan donné PP′ *est parallèle à* xy *et le point* mm′ *est sur* xy.

Soient CC′ une droite quelconque du plan PP′ (*fig.* 91) et DD′ sa parallèle me-
née par *mm′*; les traces de DD′ coïncident avec le point *mm′*, et les paral-lèles à P et P′ menées par ces traces se confondent avec *xy*.

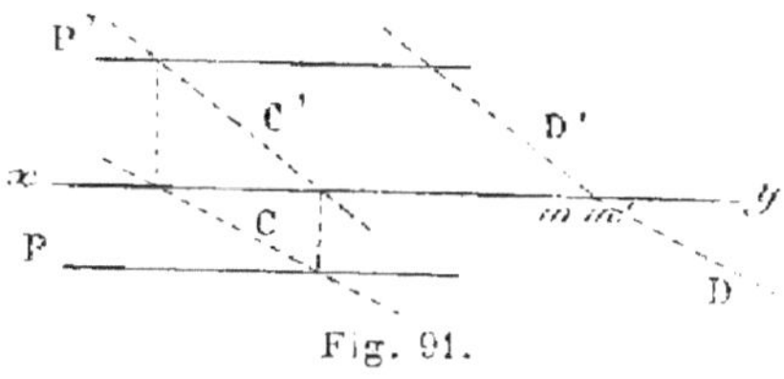
Fig. 91.

Le plan cherché est déterminé par les droites DD′ et *xy*.

EXERCICES SUR LE CHAPITRE IV

1. — Trouver un point M d'un plan PαP′, connaissant sa cote et la distance αM de l'espace.

2. — Reconnaître si un point donné *mm′* est au-dessus ou au-dessous, en avant ou en arrière d'un plan donné par deux droites ou bien par ses traces.

3. — Prendre une droite, puis un point dans un plan déter-miné par *xy* et un point.

4. — Prendre dans un plan donné un point dont on connaît la cote et l'éloignement.

5. — Par un point donné mener une droite qui rencontre une horizontale donnée et dont les projections soient parallèles entre elles ou également inclinées sur *xy*.

6. — Etant donnés un plan défini par une horizontale et une droite quelconque, construire une droite de front de ce plan, telle que ses segments interceptés entre les deux droites don-nées et le plan horizontal soient dans un rapport donné.

7. — Mener par un point donné un plan parallèle à l'un des bissecteurs des plans de projection.

8. — Mener par un point une droite qui rencontre une droite donnée, et dont les deux segments compris entre le point donné et les deux plans de projection soient dans un rapport donné.

3.

9. — Mener par un point donné un plan parallèle à xy et tel que le rapport des distances du point donné à ses deux traces soit égal à un rapport donné.

10. — Mener une horizontale s'appuyant sur deux droites données et telle que sa portion comprise entre les deux droites ait une longueur donnée. Discussion. Trouver l'horizontale minimum.

11. — Etant donné un plan par ses traces, trouver les traces d'un plan symétrique du premier par rapport à l'un des bissecteurs.

12. — Les projections horizontales de toutes les horizontales qui s'appuient sur deux droites dont les projections horizontales sont parallèles, passent par le même point.

CHAPITRE V

INTERSECTION DE DROITES ET DE PLANS

47. Problème. — *Trouver le point d'intersection d'une droite et d'un plan perpendiculaire à l'un des plans de projection.*

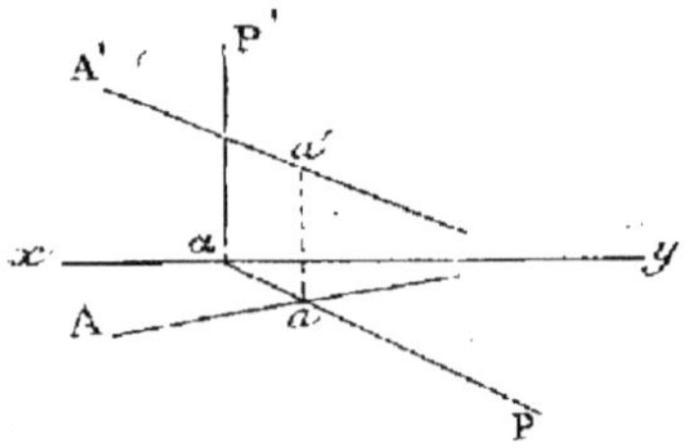

Soient la droite AA′ et par exemple un plan vertical PP′ (*fig.* 92). En vertu du troisième théorème (n° **34**, § 1), le point cherché se projette horizontalement en a; il ne reste plus qu'à le rappeler en a'.

Fig. 92.

48. Problème. — *Trouver le point d'intersection d'une droite quelconque DD′ et d'un plan quelconque.*

Méthode générale. — *On coupe le plan donné par l'un des plans projetants de* DD′; *on obtient ainsi une droite d'intersection qui rencontre* DD′ *au point cherché.*

1° LE PLAN EST DÉTERMINÉ PAR DEUX DROITES CONCOURANTES AA′, BB′

On a vu (n° **47**) que le plan vertical QQ′ qui projette horizontalement DD′ est traversé par les droites AA′ et BB′ aux points $aa′$ et $bb′$; ce plan auxiliaire coupe donc le plan donné suivant la droite $ab, a′b′$ qui rencontre DD′ au point cherché $mm′$ (*fig.* 93).

Remarque. — Si par hasard $a′b′$ coïncidait avec D′, c'est que la droite DD′ se trouverait dans le plan donné.

Lorsque D ne coupe pas A ou B dans les limites de l'épure et qu'il en est de même de D′ par rapport à A′ et B′, on substitue à AA′ et BB′ d'autres droites du plan convenablement choisies de façon que leurs projections de même nom rencontrent la projection de même nom de DD′ dans les limites de l'épure, et alors

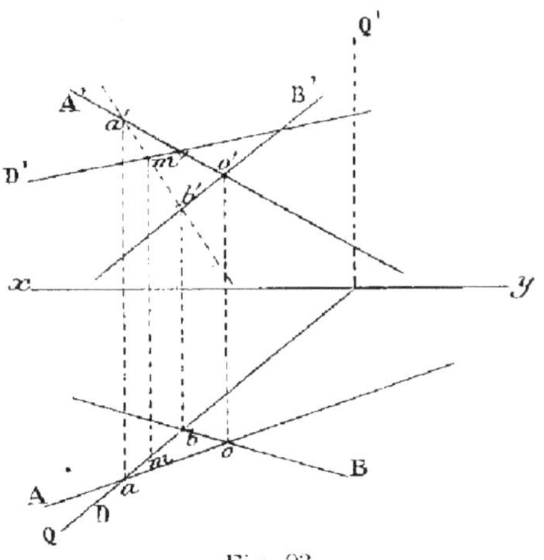

Fig. 93.

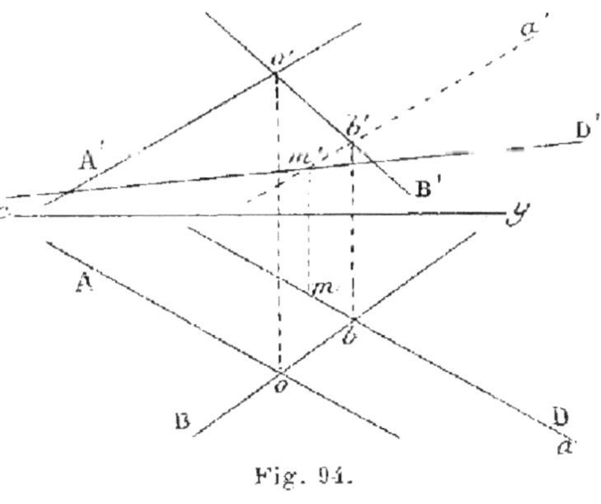

Fig. 94.

on applique la méthode comme il vient d'être dit.

Si D se trouve par exemple parallèle à A, le point $aa′$ est rejeté à l'infini, la droite $ab, a′b′$ devient parallèle à AA′ ; la méthode ne cesse pas d'être applicable (*fig.* 94).

2° LE PLAN EST DÉTERMINÉ PAR SES TRACES

Le plan vertical QQ' qui projette horizontalement DD' est traversé par les droites αP, *xy* et *xy*, αP' aux points *aa'* et *bb'* ; ce plan auxiliaire coupe donc le plan donné suivant la droite *ab*, *a'b'* qui rencontre DD' au point cherché *mm'*. La méthode est ainsi applicable à n'importe quel plan donné par ses traces (*fig.* 93).

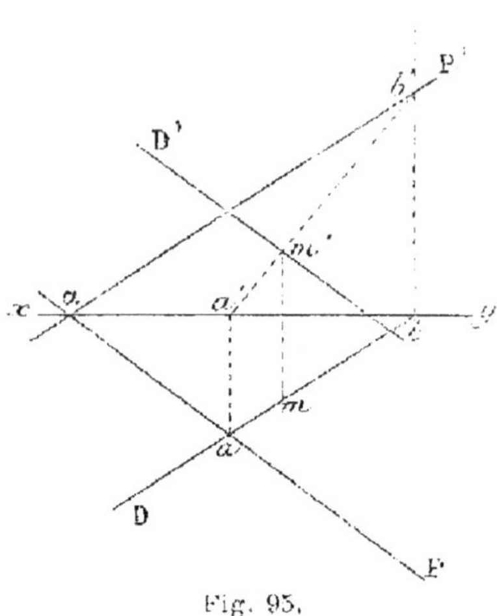

Fig. 93.

3° LE PLAN EST DÉFINI PAR *xy* ET UN POINT

On joint le point à un point quelconque de *xy*, et on envisage le plan comme déterminé par *xy* et la droite que l'on vient de tracer.

4° CAS OU LA DROITE EST VERTICALE

Le plan vertical auxiliaire QQ' est alors arbitraire. La question ne diffère pas, comme nous l'avons déjà dit, du problème traité au n° **43**.

5° CAS OU LA DROITE EST DE PROFIL

La droite donnée et la droite d'intersection de son plan profil avec le plan donné ne sont plus mises en évidence et nettement séparées l'une de l'autre par des projections distinctes ; l'application de la méthode exige l'emploi d'une opération particulière que nous nommerons *changement de plan*. Nous traiterons ce cas ultérieurement (n° **78**).

EXERCICES SUR LE CHAPITRE V

1. — Construire une droite s'appuyant sur trois droites données AA′, BB′, CC′.

Un point quelconque *mm′* de AA′ et la droite BB′ déterminent un plan qui rencontre CC′ au point *pp′* ; la droite *mp*, *m′p′* répond à la question. Il y a une infinité de solutions.

2. — Construire une parallèle à un plan et s'appuyant sur deux droites données.

3. — Construire une droite s'appuyant sur trois droites données AA′, BB′, CC′ et telle que ses deux segments interceptés soient dans un rapport donné.

Par AA′ on mène un plan P parallèle à CC′ et par CC′ un plan R parallèle à AA′ ; on joint un point quelconque *aa′* de AA′ à un point quelconque *cc′* de CC′ ; on divise par un point *bb′* la droite *ac*, *a′c′* dans le rapport donné : par le point *bb′* on fait passer un plan parallèle aux plans P et R, lequel rencontre BB′ au point *nn′* qui est un point de la droite cherchée. On peut déterminer de même le point où la droite cherchée coupe AA′ ; ou bien on est ramené à mener par *nn′* une droite s'appuyant sur AA′ et CC′, problème que nous traiterons plus loin (n° **55**).

4. — Trouver le point d'intersection d'une droite quelconque et d'un plan déterminé par deux droites dont l'une est de profil.

CHAPITRE VI

INTERSECTION DE DEUX PLANS

49. Méthode générale. — *On prend le point de rencontre* mm′ *d'une droite de l'un des plans avec l'autre plan, c'est un premier point de l'intersection des deux plans. En répétant une deuxième fois cette opération, on obtiendra un deuxième point* nn′ *de l'intersection cherchée ; finalement la droite* mn, m′n′ *est la droite d'intersection des deux plans.*

Premier exemple. — *Les deux plans sont déterminés chacun par deux droites concourantes* AA′ *et* BB′, CC′ *et* DD′ (*fig.* 96).

Le plan qui projette horizontalement DD' coupe AA' en *aa'*, BB' en *bb'* et coupe par suite le plan (AA', BB') suivant la droite *ab*, *a'b'* qui rencontre DD' au point *mm'*; c'est un premier point de l'intersection des deux plans.

Pareillement le plan qui projette horizontalement CC', rencontre AA' en *cc'*, BB' en *dd'*, et détermine dans le plan (AA', BB') la droite *cd*, *c'd'* qui coupe CC' en *nn'*;

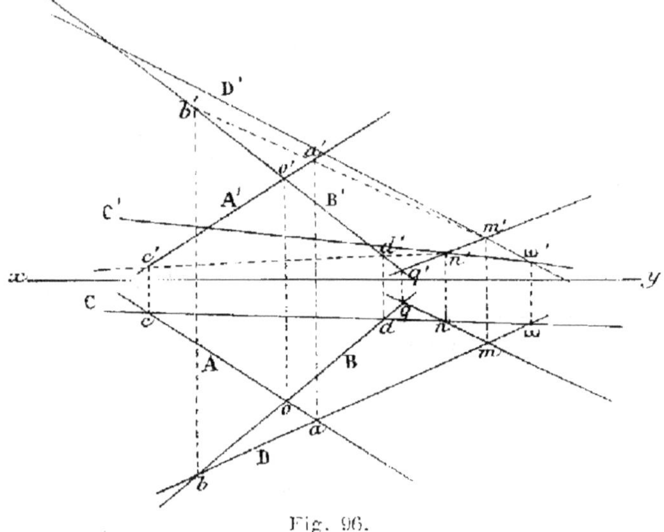

Fig. 96.

l'intersection cherchée est la droite *mn*, *m'n'*; comme vérification elle rencontre BB' en *qq'* et elle doit aussi rencontrer AA'.

Si C par exemple coupait A ou B hors des limites de l'épure, au lieu du plan projetant horizontalement CC', on emploierait son plan projetant verticalement. La construction doit presque toujours réussir, puisqu'on dispose de quatre plans projetant horizontalement et de quatre plans projetant verticalement. Lorsque exceptionnellement la construction ne peut s'effectuer malgré la variété de cette collection de plans projetants auxiliaires, on substitue dans l'un des plans aux droites qui le déter-

minent deux autres droites convenablement choisies en
vue de la réussite de la construction.

Deuxième exemple. — *L'un des plans est déterminé par deux droites
AA', BB' et l'autre PαP'
par ses traces (fig. 97).*

Le plan projetant ho-
rizontalement AA' cou-
pe le plan PαP' suivant
la droite *ab*, *a'b'* qui
rencontre AA' au point
mm'.

Pareillement le plan
projetant horizontale-
ment BB' détermine
dans le plan PαP' la
droite *cd*, *c'd'* qui coupe

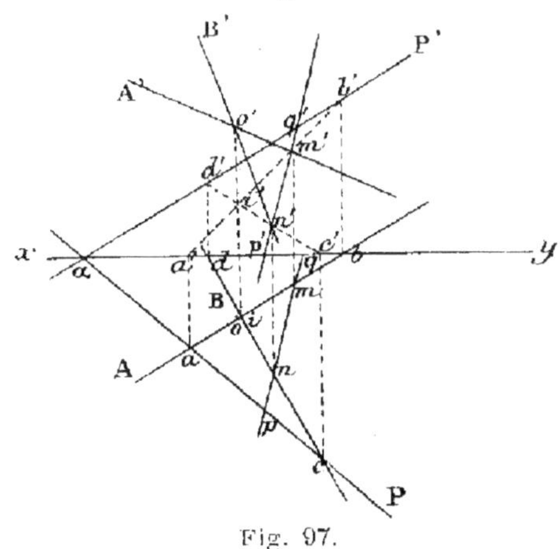

Fig. 97.

BB' en *nn'*. L'intersection est la droite *mn*, *m'n'*.

Comme vérification, elle a pour traces les points *pp'*
et *qq'*.

Troisième exemple. — *Les deux plans* PαP' *et* QβQ'
sont définis par leurs traces (fig. 98).

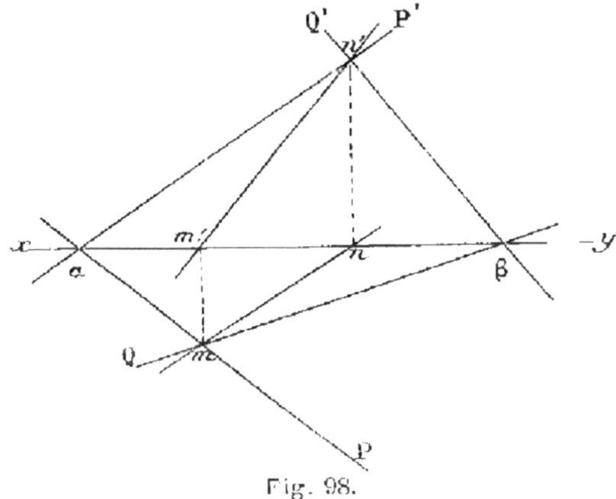

Fig. 98.

La trace verticale βQ' de l'un des plans traverse le

deuxième plan en nn'; de même la trace horizontale βQ perce le plan PP' en mm'. L'intersection est la droite mn, $m'n'$.

On remarquera encore une fois, à propos de cet exemple, que rien ne distingue un plan défini par ses traces d'un plan déterminé par deux droites au point de vue des solutions des problèmes relatifs au plan; ainsi nous avons dans notre épure employé comme plans projetants auxiliaires : le plan horizontal de projection qui est le plan projetant verticalement de la droite βQ, xy, et le plan vertical de projection qui est le plan projetant horizontalement de la droite xy, $\beta Q'$.

On traitera de la même façon toute intersection de deux plans, lorsque les deux plans ne coupent pas xy au même point.

Quatrième exemple. — *Les deux plans ont leurs traces horizontales parallèles (fig. 99).*

Le point mm' de rencontre des traces horizontales est rejeté à l'infini; l'intersection est l'horizontale mn, $m'n'$.

On peut *a priori* dire que l'intersection est une hori-

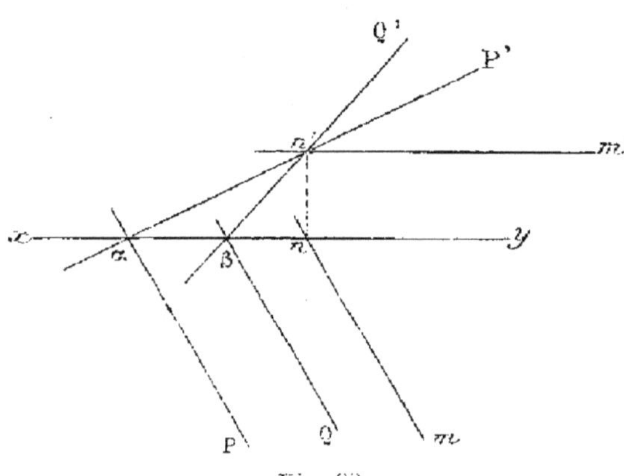

Fig. 99.

zontale, puisqu'elle est la droite commune à deux plans qui passent par les deux droites parallèles αP et βQ.

Cinquième exemple. — *Les deux plans ont chacun leurs traces en ligne droite (fig. 100).*

Les traces verticales se coupent en *nn'* et les traces

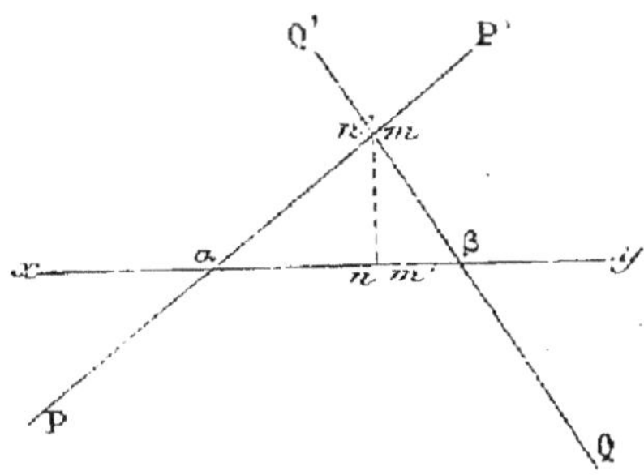

Fig. 100.

horizontales en *mm'*. L'intersection est la droite *mn*, *m'n'* perpendiculaire au deuxième bissecteur.

Exemples où les deux plans coupent *xy* au même point

Sixième exemple. — *Les deux plans* PαP', QαQ' *sont quelconques et coupent* xy *au même point* α *(fig. 101).*

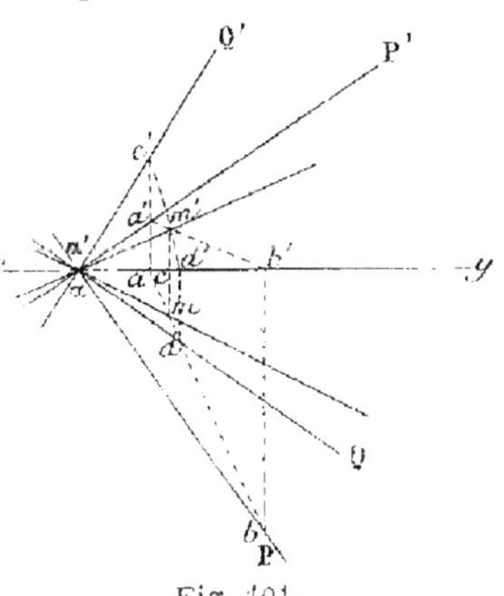

Fig. 101.

Le point $\alpha\alpha'$ est un premier point de l'intersection, ici il est fourni à la fois par la rencontre des traces horizontales et la rencontre des traces verticales. Pour avoir un deuxième point de l'intersection, on a recours à une droite quelconque *ab*, *a'b'* du plan PαP' et l'on cherche le point où cette droite perce le plan QαQ'.

Le plan projetant horizontalement de *ab*, *a'b'* détermine dans le plan QαQ' la droite *cd*, *c'd'* qui coupe *ab*, *a'b'* en *mm'*.

L'intersection demandée est αm, $\alpha'm'$.

Septième exemple. — *Les deux plans définis par leurs traces sont parallèles à* xy *(fig.* **102***).*

C'est un cas particulier de l'exemple précédent ; le

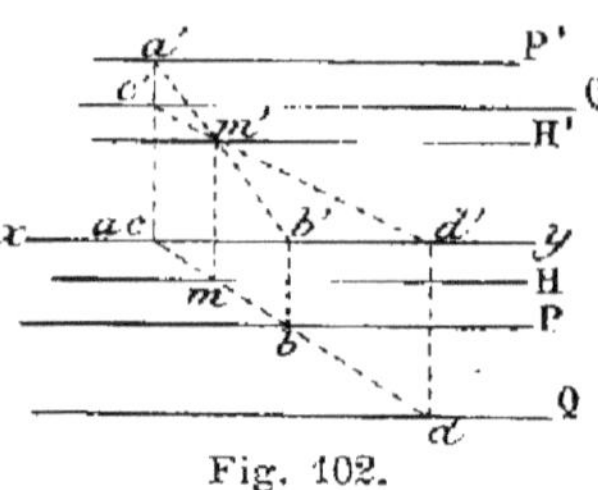

Fig. 102.

point $\alpha\alpha'$ de rencontre soit des traces horizontales soit des traces verticales est rejeté à l'infini sur xy.

Une droite quelconque ab, $a'b'$ du plan PP′ perce le plan QQ′ en mm' ; l'intersection est donc la parallèle HH′ à xy.

Huitième exemple. — *Les traces de noms contraires des deux plans sont confondues (fig.* **103***).*

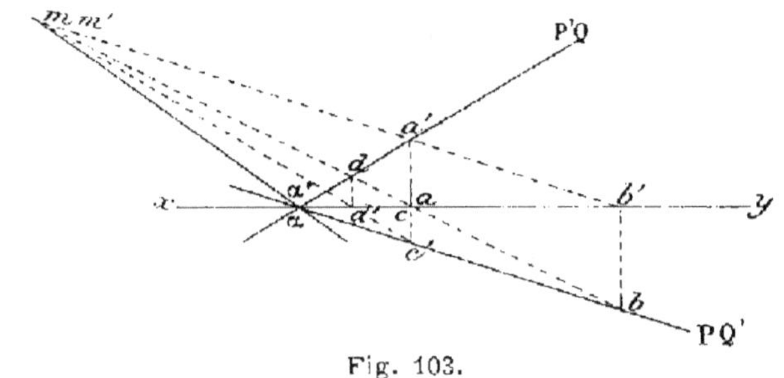

Fig. 103.

On donnera de l'épure la même explication qu'au sixième exemple ; l'intersection est la droite αm, $\alpha'm'$. C'est une droite du deuxième bissecteur : en effet les deux traces P et Q′ étant confondues dans l'épure sont dans l'espace symétriques par rapport au deuxième bissecteur ; il en est de même des traces P′ et Q ; par suite les deux plans sont eux-mêmes symétriques par rapport au deuxième bissecteur, et leur intersection est située dans ce plan.

Neuvième exemple. — *Les deux plans coupent* xy *au même point* $\alpha\alpha'$ *et chacun d'eux a ses traces en ligne droite (fig.* **104***).*

L'intersection doit être une droite perpendiculaire au deuxième bissecteur, puisqu'elle est la droite commune à deux plans perpendiculaires à ce plan bissecteur. On la déterminera comme au sixième exemple : c'est am, $a'm'$.

Dixième exemple. — *L'un des plans est déterminé par* xy *et un point* aa′ ; *l'autre est quelconque* PP′.

aa' est un premier point de l'intersection. Pour en avoir un deuxième point, je cherche le point de rencontre

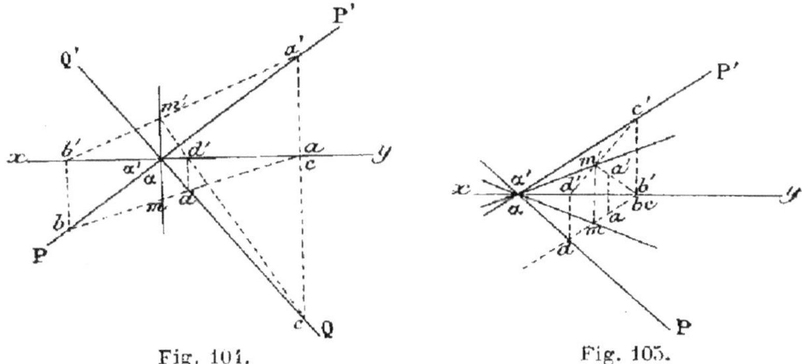

Fig. 104.

Fig. 105.

mm' du plan PP′ avec une droite quelconque ab, $a'b'$ de l'autre plan, comme au sixième exemple. L'intersection est am, $a'm'$ (*fig.* 105).

Lorsque le plan PP′ est parallèle à xy, le point aa' est

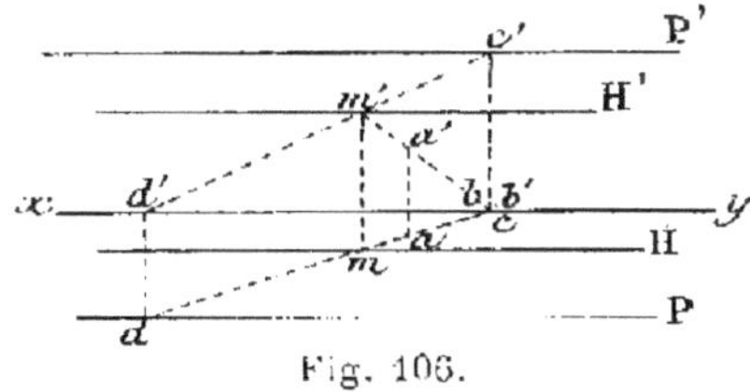

Fig. 106.

rejeté à l'infini ; l'intersection devient la parallèle HH′ à xy (*fig.* 106.)

Si l'on suppose a et a' symétriques par rapport à xy ou bien confondus, le plan qui passe par xy est alors soit le premier soit le deuxième bissecteur.

Cas particulier du troisième exemple. — *Les*

traces des deux plans ne se coupent pas dans les limites de l'épure (fig. 107).

Marquons dans le plan **PP'** une horizontale quelconque HH' et prenons son point d'intersection *mm'* avec le plan QQ' ; le plan qui projette verticalement HH' détermine

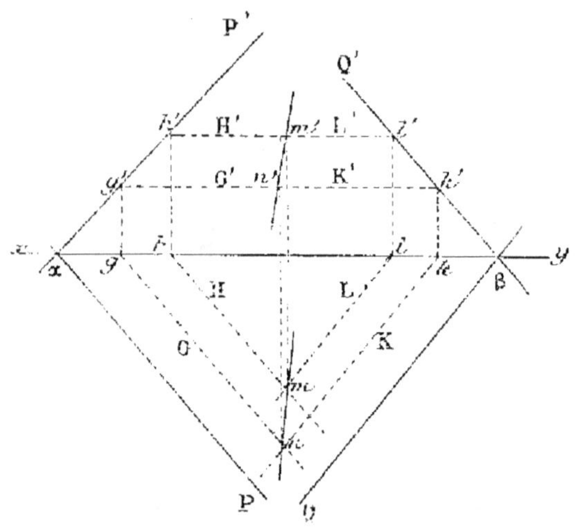

Fig. 107.

dans le plan QQ' l'horizontale **LL'** qui rencontre HH' au point cherché *mm'*. On obtiendra de la même façon un deuxième point *nn'* de l'intersection, et finalement l'intersection est la droite *mn,m'n'*.

50. Remarque.— Au lieu de deux droites quelconques du plan **PP'** nous avons employé deux horizontales HH' et GG', parce qu'avec des horizontales les constructions réussissent toujours dans l'épure qui nous occupe.

51. Remarque. — Dans le 6ᵉ, le 8ᵉ, le 9ᵉ et le 10ᵉ exemple, au lieu d'une droite quelconque *ab*, *a'b'* on peut employer une horizontale quelconque du plan PαP' ; l'emploi de l'horizontale peut même être avantageux, lorsque le problème de l'intersection des deux plans est lié à certains autres problèmes dans une même épure.

Nous engageons le lecteur à reprendre ces exemples en se servant d'une horizontale comme droite auxiliaire ; mais nous ferons observer qu'au point de vue de la rapidité des épures, l'emploi d'une droite auxiliaire quelconque n'est pas moins avantageux que celui d'une horizontale; car d'une part, pour prendre une droite quelconque dans un plan, on mène les deux lignes de rappel aa' et bb' (*fig.* 84), puis l'on joint ab et $a'b'$, soit en tout quatre droites; d'autre part prendre une horizontale dans un plan revient à tracer une parallèle à xy, une perpendiculaire à xy et une parallèle à αP, et les tracés de ces trois dernières droites (*fig.* 81) sont au moins aussi longs que ceux des quatre droites précédentes.

L'emploi d'une droite auxiliaire quelconque a par contre l'avantage d'être d'une absolue généralité.

52. Remarque. — Il ressort de tout ce qui précède, que la méthode générale de l'intersection de deux plans revient aussi à dire que, pour trouver un point, l'on coupe les deux plans donnés par un plan auxiliaire perpendiculaire à l'un des plans de projection; le plan auxiliaire détermine dans les plans donnés deux droites dont le point commun est un point de l'intersection cherchée. Pour simplifier les constructions, on a pris comme plans auxiliaires, toutes les fois que la chose était possible, les plans projetants des droites connues dans les plans donnés; dans les cinq derniers exemples tous ces plans projetants, d'ailleurs confondus avec les plans de projection, ne donnaient qu'un seul point $\alpha\alpha'$ de l'intersection; pour obtenir un deuxième point de l'intersection, nous avons dû couper les deux plans donnés par un plan vertical auxiliaire quelconque dont la trace horizontale est ab.

POINT COMMUN A TROIS PLANS

53. — La droite commune à deux des plans perce le troisième au point cherché oo'; ou, si l'on veut encore, les droites d'intersection des plans deux à deux se rencontrent toutes trois au point oo'.

Soient les trois plans PαP′, QβQ′, RγR′ (*fig.* 108).

Les plans PαP′ et QβQ′ ont pour droite commune *ef, e′f′*;
— QβQ′ et RγR′ — *ab, a′b′*;
— RγR′ et PαP′ — *cd, c′d′*.

Ces trois droites se croisent au point demandé *oo′*.

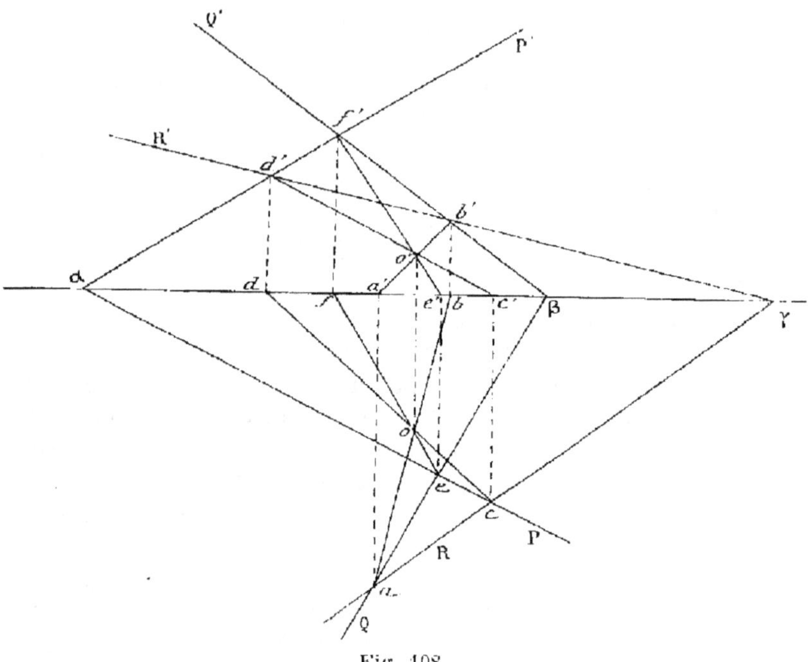

Fig. 108.

54. Problème. — *Mener par un point oo′ une droite parallèle à un plan donné PαP′ et s'appuyant sur une droite donnée AA′.*

La droite cherchée se trouve dans le plan QβQ′ parallèle au plan PαP′ mené par *oo′* et aussi dans le plan que détermine le point *oo′* avec la droite AA′; c'est donc la droite commune à ces deux plans.

On peut présenter la solution sous une autre forme.

Soit QβQ′ le plan parallèle au plan PαP′ mené par *oo′*

et soit mm' le point où AA′ perce le plan QβQ′; la droite
om, $o'm'$ est la droite demandée.

Que la solution soit présentée sous l'une ou l'autre

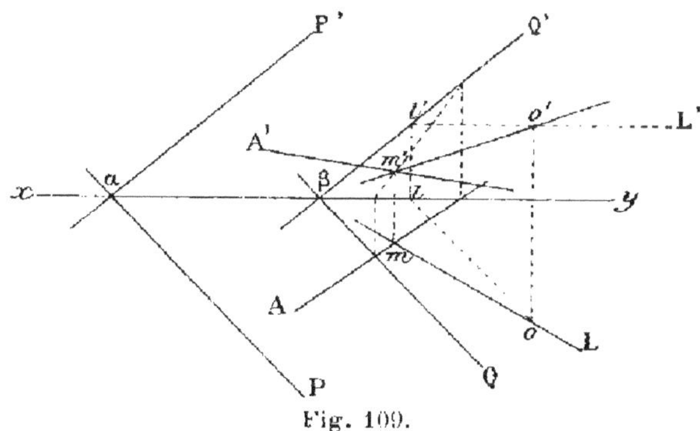

Fig. 109.

forme, les constructions de l'épure restent les mêmes.

Nous avons construit le plan QβQ′ (*fig.* 109) comme il
a été dit au n° **46**;
puis nous avons dé-
terminé le point d'in-
tersection mm' de ce
plan avec AA′ à l'aide
du plan qui projette
horizontalement cette
droite (n° **48**). Le problème n'admet que la
solution om, $o'm'$.

55. Problème. —
*Mener par un point
oo' une droite s'ap-
puyant sur deux droi-
tes données* AA′ *et* BB′.

La droite cherchée
est l'intersection des
deux plans que dé-
termine le point oo' avec chacune des deux droites don-

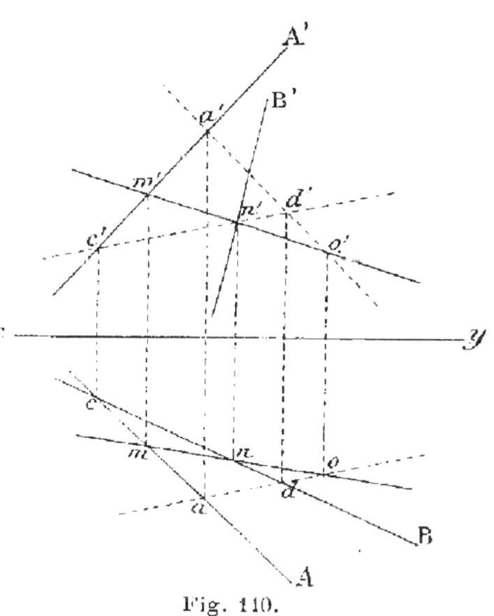

Fig. 110.

nées. Autrement, la droite cherchée se trouve dans le

plan (*oo'*, AA'); soit *nn'* le point où ce plan est traversé par BB'; la droite *on*, *o'n'* est la solution du problème. Ces deux énoncés de la solution conduisent aux mêmes constructions dans l'épure.

Joignons *oo'* à un point quelconque *aa'* de AA', de façon que le plan (*oo'*, AA') puisse être envisagé comme défini par les droites *oa*, *o'a'* et AA' (*fig.* 110).

Prenons le point de rencontre *nn'* de ce plan avec BB' à l'aide du plan qui projette horizontalement cette droite (n° 48).

A titre de vérification la droite *on*, *o'n'* qui répond à la question doit rencontrer AA' en un point *mm'*.

56. Problème. — *Construire une droite DD' paral-*

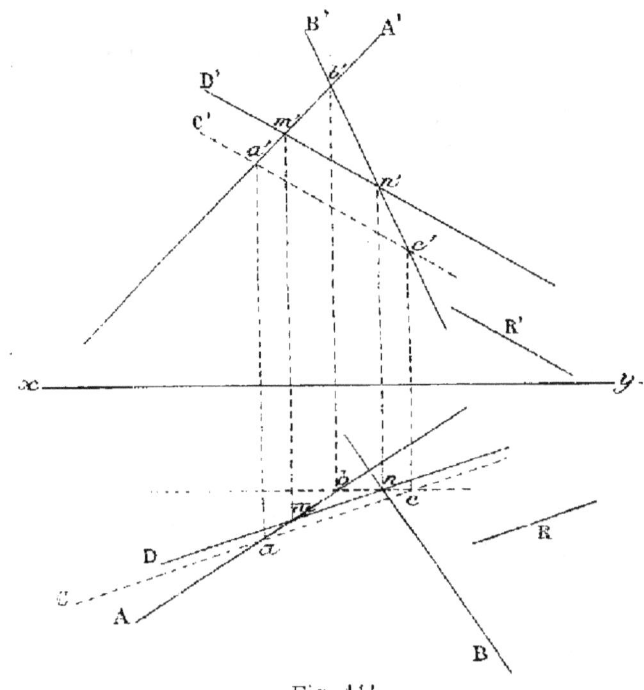

Fig. 111.

lèle à une direction donnée RR' *et s'appuyant sur deux droites données* AA' *et* BB'.

La droite DD' est l'intersection des deux plans menés parallèlement à RR' par chacune des droites.

La solution peut encore être présentée sous la forme suivante.

Menons par AA' une parallèle CC' à RR'; soit nn' le point de rencontre de BB' avec le plan (AA', CC'); si l'on fait passer par nn' la droite DD' parallèle à RR', elle sera contenue dans le plan (AA', CC') et rencontrera par suite AA' en un point mm'; ce sera la solution du problème.

Que l'on énonce la solution sous l'une ou l'autre de ces deux formes, les constructions de l'épure restent les mêmes.

Par un point quelconque aa' de AA' nous avons mené CC' parallèle à RR' (*fig.* 111); nous avons déterminé la trace nn' de BB' sur le plan (AA', CC') à l'aide du plan qui projette verticalement cette droite (n° 48); enfin par nn' nous avons tracé DD' parallèle à RR'.

Comme vérification m et m' doivent être sur une même ligne de rappel.

EXERCICES SUR LE CHAPITRE VI

1. — Trouver l'intersection de deux plans qui sont parallèles à xy et dont les traces de noms contraires coïncident.

2. — Trouver l'intersection d'un plan de profil et d'un plan quelconque PxP' qui coupent xy au même point.

3. — Mener par un point d'un plan et dans ce plan une droite parallèle à un plan donné, en particulier parallèle à l'un des plans bissecteurs.

4. — Placer une parallèle à xy sur deux droites données.

5. — Mener par un point une droite parallèle à deux plans donnés; en particulier l'un des plans donnés est l'un des bissecteurs.

6. — Construire un tétraèdre, connaissant les sommets S et B, les directions des arêtes BC, BA et sachant que le plan SAC est perpendiculaire au premier bissecteur.

7. — Trouver l'intersection de deux plans déterminés chacun par deux droites dont l'une est de profil.

8. — Trouver l'intersection de deux plans déterminés chacun par deux droites parallèles à xy.

CHAPITRE VII

DROITES ET PLANS RECTANGULAIRES

57. Théorème. — *Un angle droit se projette sur un plan parallèle à l'un de ses côtés suivant un angle droit.*

Soit l'angle droit $\widehat{BAC}$ dont le côté AB est parallèle au

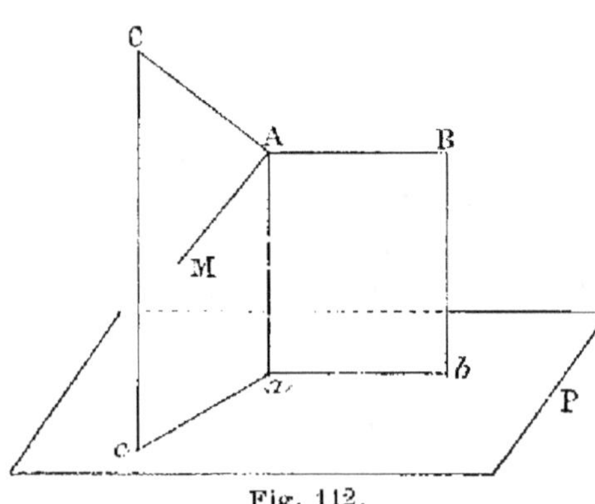

Fig. 112.

plan P. La droite AB, étant parallèle au plan P, est parallèle à *ab* et perpendiculaire à A*a* en même temps (*fig.* 112). Comme de plus la droite AB est perpendiculaire à AC par hypothèse, elle est perpendiculaire au plan AC*ac*, et la droite *ab* qui lui est parallèle est aussi perpendiculaire à ce plan ; donc *ab* est perpendiculaire à *ac* qui y est contenue.

Le théorème suppose que le côté AC de l'angle $\widehat{BAC}$ n'est pas perpendiculaire au plan P, sinon la projection de ce côté serait un point.

58. Première réciproque. — *Quand un angle* $\widehat{BAC}$ *dont l'un des côtés* AB *est parallèle au plan de projection* P, *se projette suivant un angle droit* $\widehat{bac}$, *il est lui-même un angle droit.*

En effet *ab*, étant perpendiculaire à *ac* par hypothèse et aussi à A*a*, est perpendiculaire au plan AC*ac*. La droite AB qui est parallèle au plan P, est parallèle à sa projection *ab ;* donc la droite AB est également perpendiculaire au plan AB*ab*, et elle est par suite perpendiculaire à la droite AC contenue dans ce plan.

59. Deuxième réciproque. — *Quand un angle droit* $\widehat{BAC}$ *se projette suivant un angle droit* $\widehat{bac}$, *l'un de ses côtés au moins est parallèle au plan de projection* P.

Je suppose que AC ne soit pas parallèle au plan P. Si je mène dans le plan AC*ac* la droite AM perpendiculaire à AC, cette droite sera différente de A*a*. La droite AC, étant perpendiculaire à AM par construction et à AB par hypothèse, est perpendiculaire au plan AMB, et le plan AC*ac* qui la contient est aussi perpendiculaire au plan AMB.

D'autre part, puisque la droite *ab* est perpendiculaire à A*a* et à *ac*, elle est perpendiculaire au plan AC*ac*, et le plan AB*ab* qui la contient est aussi perpendiculaire au plan AC*ac*. Mais alors la droite AB est perpendiculaire au plan AC*ac*, puisqu'elle est l'intersection des plans AMB et AB*ab* qui lui sont perpendiculaires. Finalement la droite AB, étant perpendiculaire au plan AC*ac* et par suite à la droite A*a* qui y est contenue, est parallèle au plan P.

60. Remarque I. — La démonstration tombe en défaut lorsque AM coïncide avec A*a*, car les plans AMB et AB*ab* sont alors confondus. Mais si AM n'est pas différent de A*a*, c'est que AC est perpendiculaire à A*a*, et c'est AC qui se trouve parallèle au plan P.

61. Remarque II. — En rapprochant le théorème et sa deuxième réciproque, on est conduit à dire : *Pour qu'un angle droit se projette suivant un angle droit, il faut et il suffit qu'un de ses côtés soit parallèle au plan de projection, l'autre côté n'étant pas supposé perpendiculaire à ce plan.*

62. Théorème. — *Quand une droite est perpendiculaire à un plan, ses projections sont perpendiculaires aux traces de même nom du plan.*

Supposons, pour fixer les idées, que le plan de projection soit le plan horizontal H (*fig*. 113). Soient AB la trace du plan P, CD une perpendiculaire à ce plan et *cd* la projection de la droite CD. Par le pied C de la droite CD sur le plan P menons dans ce plan l'horizontale CM ; l'angle droit $\widehat{DCM}$ se projette horizontalement suivant un angle droit $\widehat{dcm}$ (n° 57), puisque son côté CM est parallèle au plan de projection : donc la

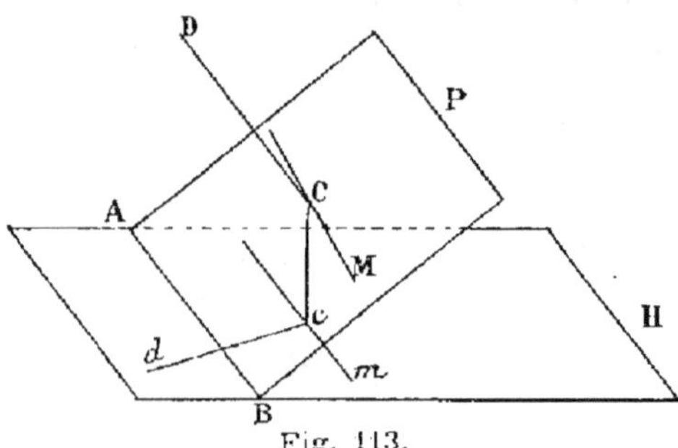

Fig. 113.

droite *cd*, qui est perpendiculaire à *cm*, est perpendiculaire aussi à sa parallèle AB.

Réciproquement. — *Quand une droite a ses projections perpendiculaires aux traces de même nom d'un plan, elle est perpendiculaire au plan.*

En effet soit la droite CD dont la projection horizontale *cd* est perpendiculaire à la trace horizontale AB du plan (*fig*. 113), et soit *cm* la projection horizontale de l'horizontale CM du plan P. Puisque *cm* est parallèle à AB, l'angle $\widehat{dcm}$ est droit ; mais alors (n° 58) l'angle $\widehat{DCM}$ qui a l'un de ses côtés CM parallèle au plan horizontal et qui se projette horizontalement suivant un angle droit, est lui-même un angle droit.

Ainsi la droite CD est perpendiculaire à l'horizontale CM du plan ; on démontrerait de même qu'elle est perpendiculaire à la droite de front qui passe en C dans le plan ; donc finalement la droite CD, étant perpendiculaire à deux droites du plan P, est perpendiculaire à ce plan.

63. Remarque. — La réciproque peut être fausse lorsque le plan est parallèle à *xy*, la droite est alors de profil ; la démonstration précédente tombe en défaut, puisque la droite de front et l'horizontale menées par C dans le plan sont confondues.

APPLICATIONS DIVERSES DES PROPOSITIONS PRÉCÉDENTES

64. Problème. — *Construire une ligne de plus grande pente d'un plan* PαP' *par rapport à chacun des plans de projection.*

Une ligne de plus grande pente du plan PαP' par rapport au plan horizontal, étant perpendiculaire à αP, se projette (n° 57) suivant une droite ab perpendiculaire à αP; il ne reste plus qu'à la rappeler en $a'b'$ (*fig.* 114).

De même la droite cd, $c'd'$, telle que $c'd'$ soit perpendiculaire à αP', est une ligne de plus grande pente du plan donné par rapport au plan vertical.

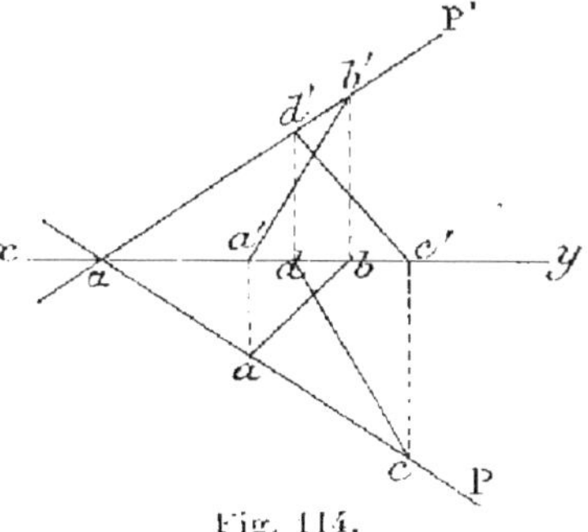

Fig. 114.

65. Problème. — *Mener d'un point* mm' *la perpendiculaire à un plan et trouver le pied* nn' *de cette perpendiculaire.*

LE PLAN EST DÉFINI PAR SES TRACES

Les projections C et C' de la perpendiculaire demandée sont les perpendiculaires menées par m et m' respectivement à αP et αP' (*fig.* 115).

Le plan projetant horizontalement CC' coupe le plan donné suivant la droite ab, $a'b'$ qui rencontre CC' au pied nn' de cette perpendiculaire (n° 48).

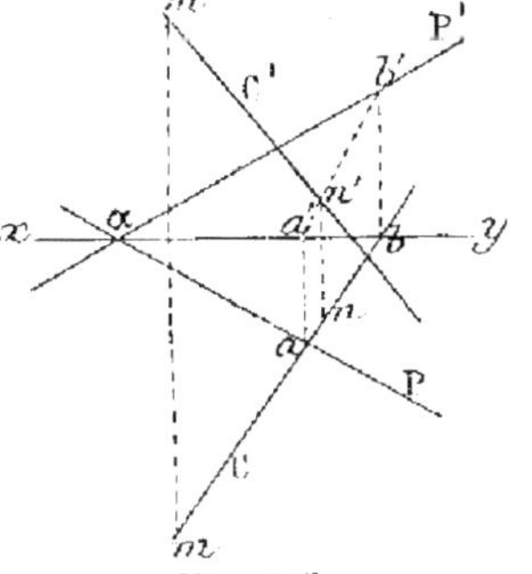

Fig. 115.

LE PLAN EST DÉTERMINÉ PAR DEUX DROITES AA′ ET BB′

On commence par construire une horizontale HH′ et une droite de front FF′ quelconques du plan donné ; les projections C et C′ de la perpendiculaire demandée sont respectivement perpendiculaires à H et F′ (*fig.* 116).

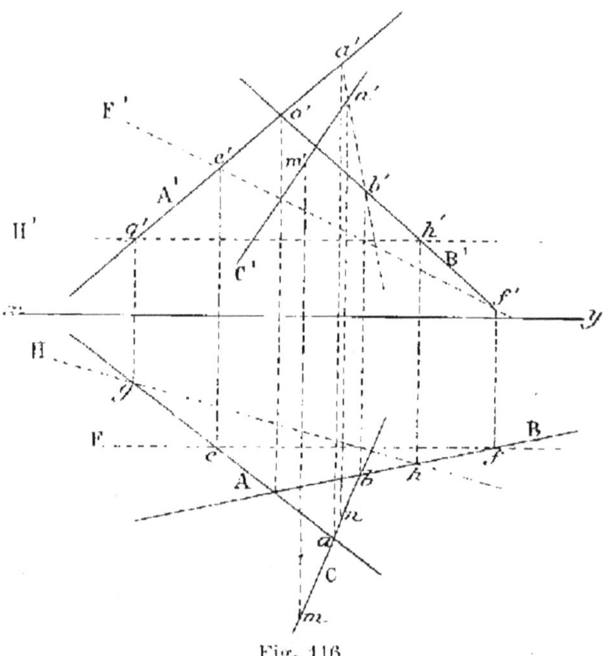

Fig. 116.

Nous avons déterminé le pied nn' de la droite CC′ à l'aide de son plan projetant horizontalement, lequel coupe le plan donné suivant la droite ab, $a'b'$ qui rencontre CC′ en nn'.

Au lieu d'une horizontale et d'une droite de front quelconques, il y a avantage à se servir des traces du plan, lorsque les traces des deux droites AA′ et BB′ se trouvant dans les limites de l'épure, on peut construire les traces de leur plan.

Cas particulier. — *Le plan est parallèle à* xy.

Les constructions précédentes tombent en défaut; nous traiterons ultérieurement le même problème comme application des *changements de plans* (n° **95**); la solution que nous donnerons alors sera absolument générale et s'appliquera aussi bien à ce cas particulier.

66. Problème. — *Mener d'un point* mm′ *la perpendiculaire à une droite* AA′ *et trouver le pied* nn′ *de cette perpendiculaire.*

Menons par le point *mm′* le plan perpendiculaire à AA′; il est déterminé par l'horizontale **H H′** dont la projection horizontale est perpendiculaire à A et la droite de front FF′ dont la projection verticale est perpendiculaire à A′ (*fig.* 117).

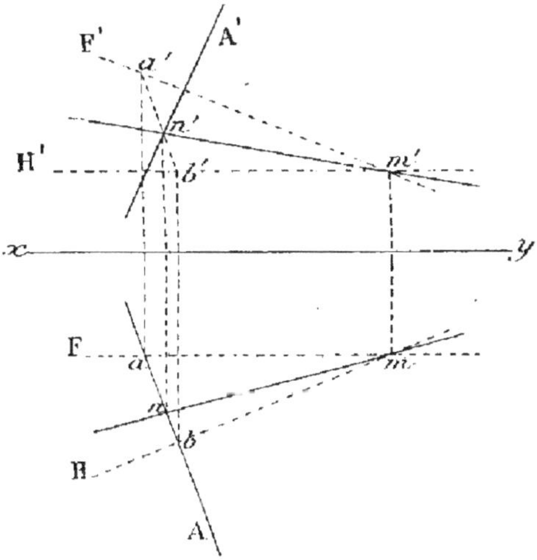

Le plan projetant horizontalement AA′ coupe le plan (HH′ FF′) suivant la droite *ab*, *a′b′* qui rencontre AA′ au point *nn′*.

Fig. 117.

La perpendiculaire cherchée est *mn*, *m′n′*.

Ceci suppose que AA′ est une droite quelconque.

Lorsque AA′ est parallèle à l'un des plans de projection, par exemple au plan horizontal, on trace immédiatement la perpendiculaire; sa projection horizontale *mn* est perpendiculaire à A (n° **57**) et l'on rappelle *n* en *n′* sur A′.

Nous laissons au lecteur le soin de faire cette figure qui est bien simple.

Cas particulier. — *La droite est de profil.*

Les constructions de l'épure précédente tombent en défaut, puisque HH′ et FF′ coïncident avec une même parallèle à *xy*.

Comme application des rabattements, nous donnerons du même problème une autre solution (n° 96) qui sera générale et comprendra même ce cas particulier.

67. Problème. — *Construire la perpendiculaire commune à deux droites* AA′ *et* BB′.

Le problème comprend deux parties : la recherche de la direction de la perpendiculaire commune et la mise en position de la perpendiculaire commune.

DIRECTION DE LA PERPENDICULAIRE COMMUNE

Première méthode. — Par l'une des droites on mène

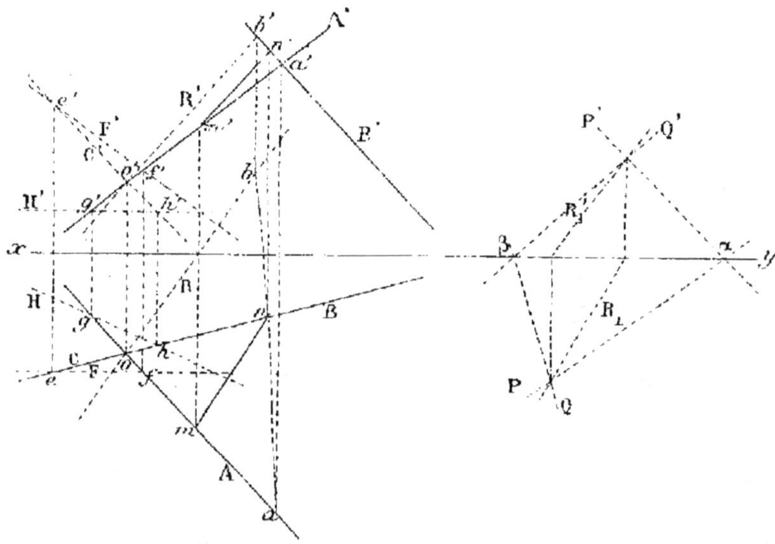

Fig. 118.

un plan parallèle à l'autre et l'on construit une perpendiculaire RR′ à ce plan ; la droite RR′ donne la direction de la perpendiculaire commune.

Deuxième méthode. — On construit deux plans respectivement perpendiculaires à AA′ et BB′; leur intersection $R_1 R'_1$ donne la direction demandée.

Nous avons appliqué les deux méthodes dans l'épure (*fig.* 118). Nous avons par le point *oo′* de AA′ mené la droite CC′ parallèle à BB′; le plan (AA′, CC′) est parallèle à BB′. Nous en avons construit une horizontale HH′ et une droite de front FF′; enfin nous avons tracé la perpendiculaire RR′ au plan (AA′, CC′) en prenant R perpendiculaire à H et R′ perpendiculaire à F′.

Pour appliquer la deuxième méthode nous avons construit les plans PαP′ et QβQ′ perpendiculaires respectivement à AA′ et BB′, et nous avons marqué leur intersection $R_1 R'_1$.

POSITION DE LA PERPENDICULAIRE COMMUNE

La direction RR′ étant connue, on est ramené à trouver une droite parallèle à RR′ et s'appuyant sur les deux droites données, problème déjà traité (n° **56**).

Le plan projetant verticalement BB′ coupe le plan (AA′, RR′) suivant la droite *ab, a′b′* qui rencontre BB′ en *nn′*. La droite *mn, m′n′* menée parallèlement à RR′ par le point *nn′* est la perpendiculaire commune demandée.

68. Remarque. — Les constructions qui résultent de l'application de la première méthode pour la recherche de la direction RR′ tombent en défaut, lorsque l'une des droites données est parallèle à *xy.*

Les constructions que fournit la deuxième méthode sont en défaut, lorsque l'une au moins des droites AA′ et BB′ est de profil; en sorte que par les deux procédés indiqués il n'est pas possible de trouver la direction de la perpendiculaire commune entre une droite de profil et une parallèle à *xy.* Nous reprendrons (n° **98**), à l'aide des *changements de plans,* le problème plus général de la perpendiculaire commune entre une droite quelconque et une parallèle à l'un des plans de projection; ce pro-

4.

blème comprendra le cas particulier d'une droite de profil
et d'une parallèle à xy.

69. Remarque. — Lorsque les droites données pré-
sentent certaines particularités, la direction de la perpendiculaire commune est souvent connue *a priori* et les
constructions qui la fournissent deviennent inutiles. Voici
des exemples.

Premier exemple. — *L'une des droites est verticale
et l'autre quelconque.*

La perpendiculaire commune est une horizontale, qui
se projette horizontalement suivant une droite mn passant
par A et faisant avec B un angle droit (n° **57**); il ne reste
plus qu'à rappeler n en n' et
à mener $m'n'$ parallèle à xy
(*fig.* 119).

mn est ici la longueur de
la perpendiculaire commune,
c'est-à-dire la plus courte distance des deux droites.

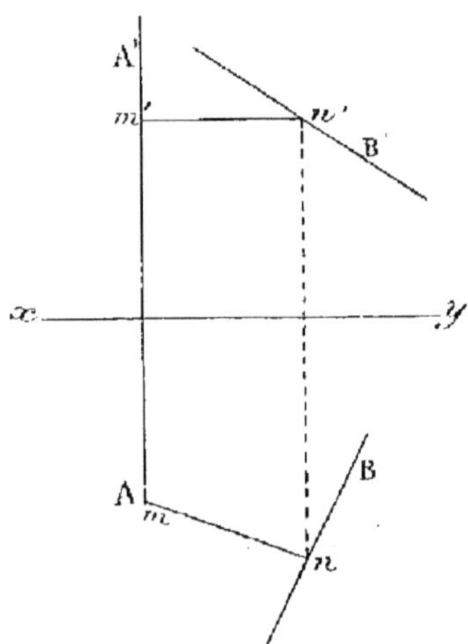

Fig. 119.

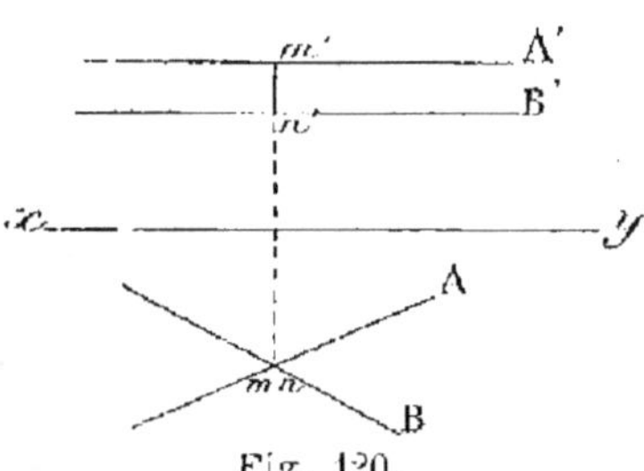

Fig. 120.

Deuxième exemple. — *Les deux droites sont parallèles à l'un des plans de projection.*

Soient les deux horizontales AA' et BB' (*fig.* 120); leur
perpendiculaire commune est la verticale mn, $m'n'$ et sa
longueur est mesurée par $m'n'$.

Troisième exemple. — *L'une des droites est horizontale et l'autre de front.*

Soient l'horizontale AA' et la ligne de front BB'; la direction RR' de la perpendiculaire commune a ses projections perpendiculaires respectivement à A et B'; nous avons mené RR' par un point quelconque oo' de AA' (*fig.* 121).

Pour la mise en position de la perpendiculaire com-

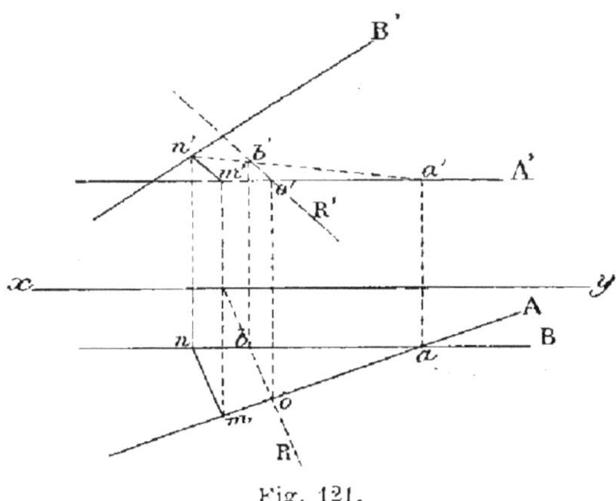

Fig. 121.

mune, je coupe le plan (AA', RR') par le plan de front qui projette horizontalement BB'; je détermine ainsi dans le plan (AA', RR') la droite ab, $a'b'$ qui rencontre BB' en nn'; enfin je mène mn, $m'n'$ parallèle à RR'. La droite mn, $m'n'$ est la perpendiculaire commune; comme vérification elle doit s'appuyer sur AA' au point mm'.

Quatrième exemple. — *Les deux droites ont deux de leurs projections de même nom parallèles.*

Soient les deux droites AA' et BB' dont les projections horizontales sont parallèles; la direction de la perpendiculaire commune est perpendiculaire à la direction commune de leurs plans projetants horizontalement; c'est donc une horizontale RR' dont la projection horizontale est, d'après ce qui vient d'être dit, perpendiculaire à A. Nous avons mené RR' par un point quelconque oo' de AA' (*fig.* 122).

Le plan projetant horizontalement BB′ détermine dans le plan (AA′, RR′) la droite *ab*, *a′b′* parallèle à AA′, laquelle rencontre BB′ en *nn′*.

Il ne reste plus qu'à mener la parallèle *mn*, *m′n′* à RR′; la droite *mn*, *m′n′* est la perpendiculaire commune, et, à titre de vérification, elle doit s'appuyer sur AA′ au point *mm′*.

La longueur de la perpendiculaire commune est ici mesurée par *mn*.

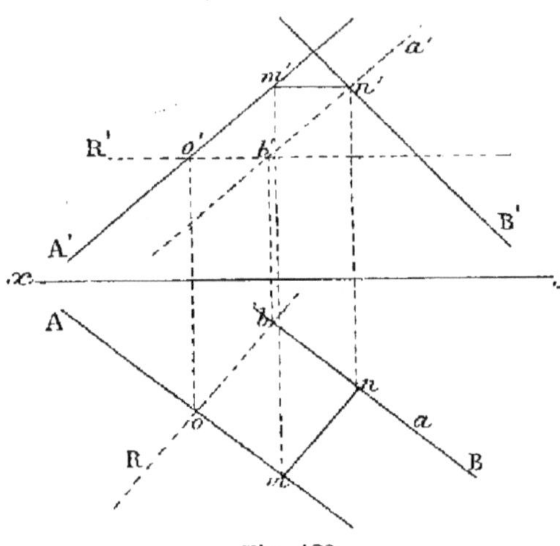

Fig. 122.

70. Remarque.

— Lorsque nous saurons, par un *changement de plan* ou une *rotation*, trouver la distance de deux points, en mesurant la droite *mn*, *m′n′* nous aurons la distance d'un point à un plan (n° 65), la distance d'un point à une droite (n° 66), la plus courte distance de deux droites (n° 67).

Exercices sur le chapitre VII

1. — On donne la projection horizontale B d'une droite qui rencontre une droite AA′ et qui lui est perpendiculaire; trouver la projection verticale B′ correspondante.

2. — Par la trace d'une droite sur un plan mener dans ce plan la perpendiculaire à la droite.

3. — Reconnaître que deux droites données sont rectangulaires.

Par un point de l'une on mène le plan perpendiculaire à l'autre, et on vérifie que ce plan contient la première droite.

4. — Mener dans un plan par l'un de ses points une droite telle que la perpendiculaire commune entre elle et une verticale donnée ait une longueur donnée.

5. — Même question, la droite cherchée devant être parallèle à une droite du plan donné.

6. — Etant donnés deux plans parallèles entre eux et une droite de front FF' de l'un d'eux, trouver la droite de front de l'autre plan situés à une distance donnée de FF'.

7. — Etant données une droite AA', la projection horizontale d'une autre droite et la projection horizontale de leur perpendiculaire commune, construire la projection verticale de la deuxième droite.

8. — Construire un trièdre trirectangle, connaissant les traces horizontales des trois arêtes et sachant que l'une de ces arêtes est de front.

9. — Mener par un point une droite AA' située à une distance donnée d'une droite debout donnée, et telle que le point donné soit le milieu de la portion de AA' comprise entre les plans de projection.

10. — Construire la perpendiculaire commune à deux droites de profil.

CHAPITRE VIII

MÉTHODES GÉNÉRALES DES CHANGEMENTS DE PLANS, DES ROTATIONS ET DES RABATTEMENTS

Nous avons rencontré dans quelques problèmes certains cas particuliers pour lesquels les constructions indiquées ne pouvaient plus s'effectuer, parce qu'il existait des rapports incommodes entre les plans de projection et les figures que nous étudiions. Les méthodes des changements de plans, des rotations et des rabattements ont pour but d'établir entre les figures et les plans de projection des rapports tels que les solutions des problèmes soient toujours générales.

§ Ier. — THÉORIE DES CHANGEMENTS DE PLANS DE PROJECTION

71. Problème. — *Changer le plan vertical pour un point aa'.*

Soit x_1y_1 la nouvelle ligne de terre, c'est-à-dire la

trace du nouveau plan vertical sur le plan horizontal de
projection; il s'agit de trouver la nouvelle projection verticale a'_1 du point considéré (*fig.* 123).

1° Puisque le plan horizontal est commun aux systèmes
xy et x_1y_1, la projection horizontale a ne change pas.

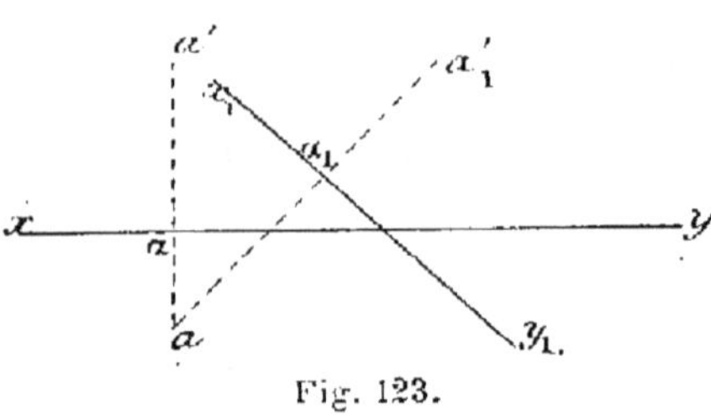

Fig. 123.

2° La projection verticale nouvelle a'_1 est sur la perpendiculaire à x_1y_1 menée par a, puisque dans toute épure les deux projections d'un point sont sur une même ligne de rappel.

3° Les cotes $\alpha a'$ et $\alpha_1 a'_1$ sont égales, puisqu'elles repré-
sentent de part et d'autre la distance du point A de l'espace au plan horizontal commun aux deux systèmes.

4° Dans notre épure le point a'_1 doit se trouver au-
dessus de x_1y_1, car le point a' étant au-dessus de xy indique que A est au-dessus du plan horizontal commun
aux deux systèmes.

Finalement, dans le système x_1y_1 le point donné a pour
projections a et a'_1.

72. Problème. — *Changer le plan horizontal pour
un point* aa'.

Soit x_1y_1 la nouvelle ligne de terre; nous nous proposons de trouver la nou-
velle projection horizon-
tale a_1 du point considéré (*fig.* 124).

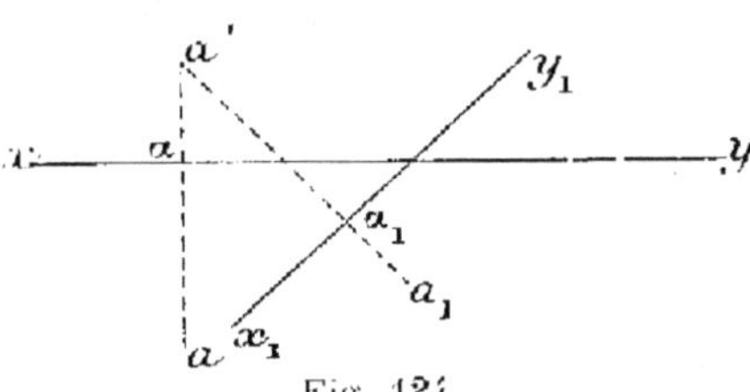

Fig. 124.

1° La projection ver-
ticale a' ne change pas,
puisque le plan vertical
est conservé.

2° La projection horizontale nouvelle a_1 se trouve sur
la perpendiculaire à x_1y_1 menée par a', puisque dans

toute épure les deux projections d'un point sont sur une ligne de rappel.

3° Les éloignements aa et a_1a_1 sont égaux comme représentant de part et d'autre la distance du point A de l'espace au plan vertical commun aux deux systèmes.

4° Dans notre épure le point a_1 doit se trouver au-dessous de x_1y_1, car le point a étant au-dessous de xy indique que A est en avant du plan vertical commun aux deux systèmes.

Finalement, dans le système x_1y_1 le point A a pour projections a_1 et a'.

73. Problème. — *Changer l'un des plans de projection pour une droite AA'.*

Soit x_1y_1 la nouvelle ligne de terre (*fig.* 125). Nous voulons changer le plan vertical ; il suffit de faire le chan-
gement de plan pour deux points de la droite. Nous avons intérêt à choisir la trace horizontale hh', puisque c'est le point de cote nulle ; sa nouvelle projection verticale est h'_1 sur x_1y_1. Le deuxième point est arbitraire sur la droite ; prenons par exemple aa',

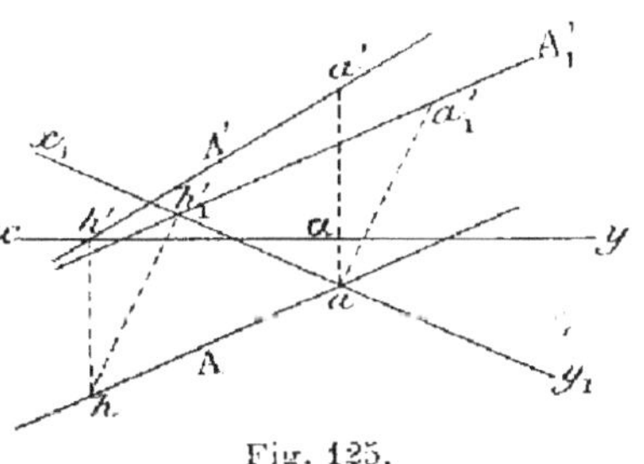

Fig. 125.

nous aurons en a'_1 tel que $aa' = aa'_1$ la trace verticale de la droite dans le système x_1y_1. La droite considérée a donc maintenant pour projections A et A'_1.

On effectue des constructions analogues pour changer le plan horizontal.

74. Problème. — *Changer l'un des plans de projection pour un plan donné.*

LE PLAN EST DÉTERMINÉ PAR DEUX DROITES CONCOURANTES

Soient le plan (AA', BB') et la nouvelle ligne de terre x_1y_1. Nous voulons effectuer le changement de plan vertical; il suffit de l'effectuer pour trois points du plan, plus particulièrement pour le point oo' commun aux deux droites et les traces horizontales de ces droites, lorsque ces points sont dans les limites de l'épure (*fig.* 126).

Soient o'_1, h'_1, k'_1 les projections verticales nouvelles des trois points choisis, les projections verticales nouvelles des deux droites sont $o'_1 h'_1$ ou A'_1 et $o'_1 k'_1$ ou B'_1; le plan est maintenant (AA'_1, BB'_1).

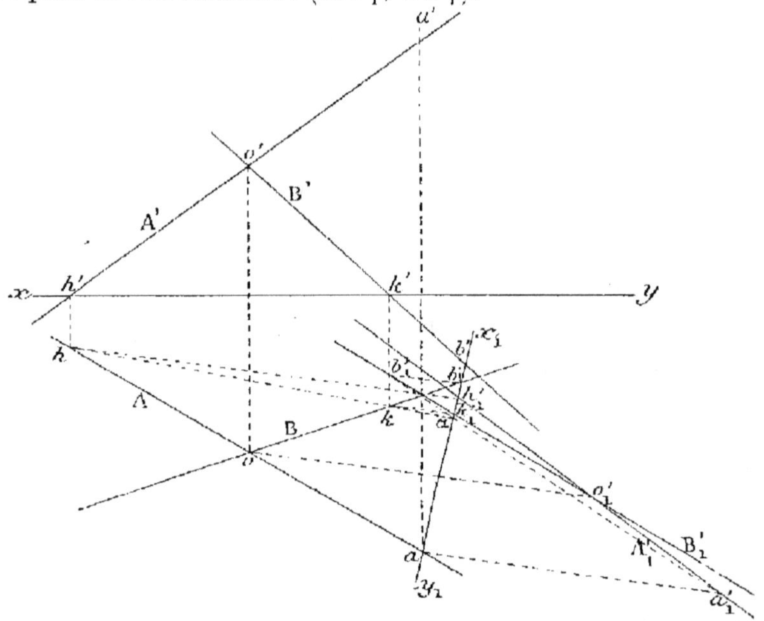

Fig. 126.

En effectuant les changements de plan vertical pour les points aa' et bb', on obtient directement en a'_1 et b'_1 les traces verticales nouvelles des deux droites, et par suite la trace verticale du plan considéré dans le système $x_1 y_1$ est $a'_1 b'_1$. Comme vérification hk et $a'_1 b'_1$ se coupent en α sur $x_1 y_1$.

LE PLAN EST DÉTERMINÉ PAR SES TRACES

Nous nous proposons d'effectuer un changement de plan vertical avec la ligne de terre $x_1 y_1$ (*fig.* 127). Soit le plan PαP'. La trace horizontale ne change pas; il reste à effectuer le changement de plan pour un point du plan PαP'; on choisit plus particulièrement le point aa' qui se projette horizontalement à l'intersection des deux lignes de terre; soit a'_1 sa nouvelle projection verticale; la trace verticale du plan dans le système x_1y_1 est $\beta a'_1$ ou P'_1.

Lorsque aa' est hors des limites de l'épure, on effectue le changement de plan pour un point quelconque oo' du plan ayant sa projection horizontale sur x_1y_1. Nous avons marqué le point oo' à l'aide de l'horizontale HH'; la trace verticale nouvelle du plan est $\beta o'_1$ ou P'_1.

75.   Remarque. — Les constructions des épures précédentes (*fig.* 126 et 127) ne diffèrent pas; les ex-

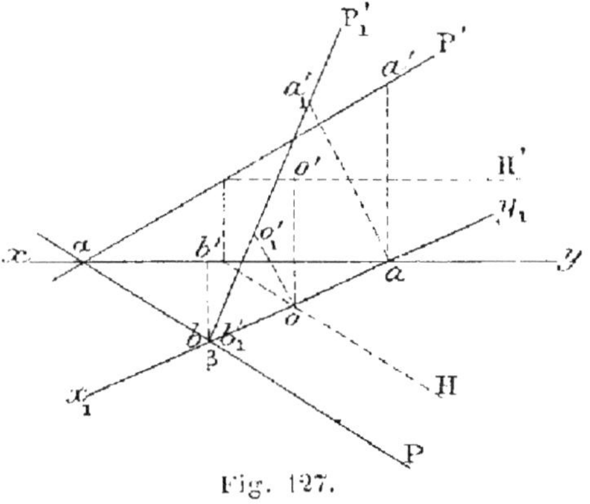

Fig. 127.

plications seules sont présentées autrement. On a obtenu dans chacune d'elles la trace verticale nouvelle du plan en joignant les points a'_1 et b'_1, projections verticales nouvelles des points aa' et bb', où le plan vertical x_1y_1 est traversé d'une part par les deux droites AA' et BB', d'autre part par les deux droites αP, xy et xy, αP' qui définissent le plan donné. Nous justifions ainsi une fois de plus la remarque du n° **42**.

APPLICATIONS A LA RÉSOLUTION DE QUELQUES PROBLÈMES
RELATIFS AUX DROITES DE PROFIL.

76. Problème. — *Trouver les traces d'une droite de profil* ab, a'b'.

Effectuons le changement de plan vertical avec la ligne

de terre $x_1 y_1$; soit $a'_1 b'_1$ la projection verticale nouvelle de la droite (*fig.* 128). La trace horizontale cherchée est le

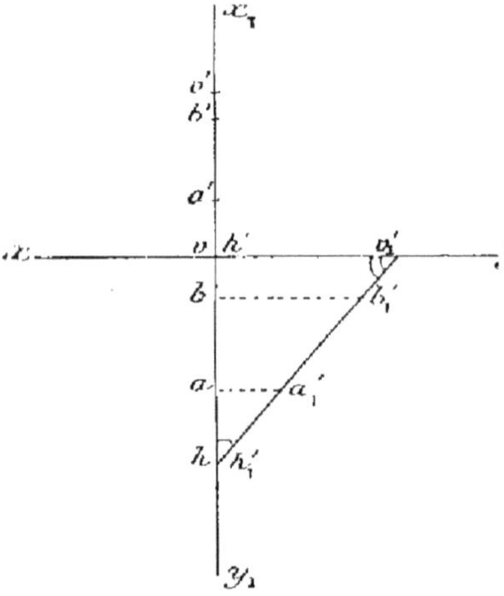

Fig. 128.

point hh'_1 dans le système $x_1 y_1$ et hh' dans le système xy.

En effectuant le changement de plan inverse pour le point vv'_1, on obtient la trace verticale v' de la droite dans le système primitif.

Les angles marqués en h'_1 et v'_1 sont les angles que forme la droite donnée avec les plans de projection.

77. **Problème.** —

Trouver le point de rencontre et l'angle de deux droites ab, a'b' *et* cd, c'd' *situées dans un même plan de profil.*

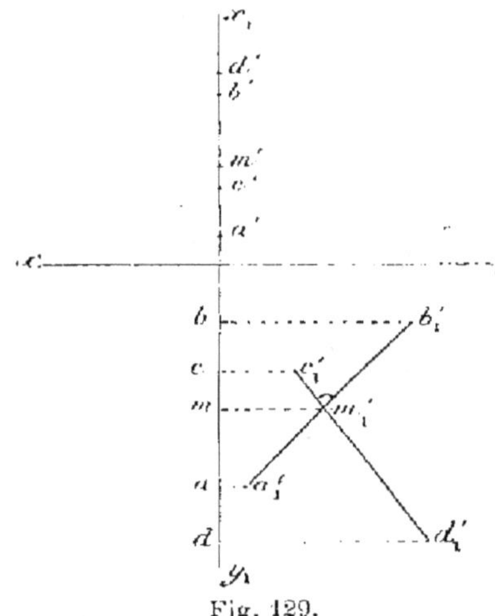

Fig. 129.

Prenons le plan de profil comme nouveau plan vertical de projection; soient $a'_1 b'_1$ et $c'_1 d'_1$ les projections verticales nouvelles des deux droites; l'angle de ces deux projections est l'angle des deux droites (*fig.* 129).

Nous avons en mm'_1, dans le système $x_1 y_1$, le point de rencontre cherché; le changement de plan vertical inverse nous donne ses projections m et m' dans le système xy.

78. **Problème.** — *Trouver le point de rencontre d'une droite de profil* ab, a'b' *et d'un plan* PαP'.

Le plan de profil de la droite coupe le plan PαP' suivant
la droite cd, $c'd'$ qui rencontre la droite ab, $a'b'$ au point

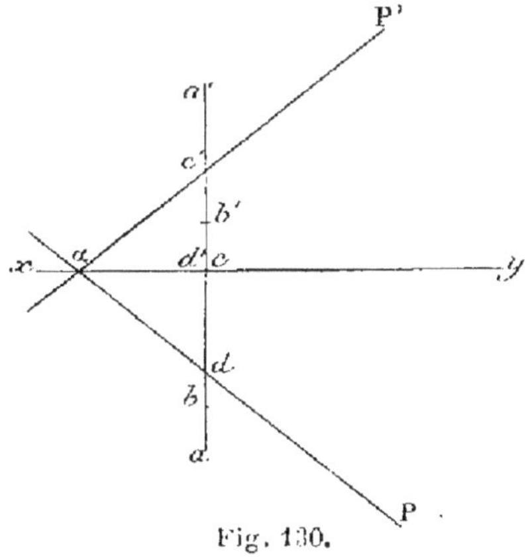

Fig. 130.

cherché (*fig.* 130). Nous sommes ainsi ramenés au problème précédent.

Lorsque la droite ab, $a'b'$ est donnée par ses traces

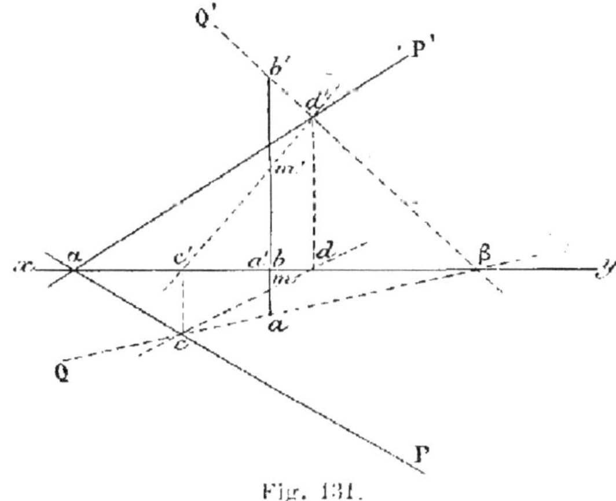

Fig. 131.

(*fig.* 131), au lieu du plan de profil auxiliaire on peut faire
passer par la droite un plan quelconque QβQ', dont l'intersection cd, $c'd'$ avec PαP' rencontre ab, $a'b'$ au point
demandé mm'.

EXERCICES SUR LES CHANGEMENTS DE PLANS

1. — Prendre un plan comme plan horizontal de projection par deux changements de plans successifs.

2. — Rendre une droite verticale par deux changements de plans.

3. — Amener un système de deux plans rectangulaires donnés à être parallèles aux plans de projections par trois changements de plans.

4. — Effectuer un changement de plan vertical avec une ligne de terre choisie de façon qu'une droite donnée quelconque devienne parallèle à l'un des bissecteurs du nouveau système de projection.

5. — Etant donnée une droite de profil définie par ses traces, mener par cette droite un plan PαP' dont les deux traces fassent dans l'espace un angle donné.

§ II. — ROTATIONS

79. — Les mouvements de rotation en descriptive ne s'effectuent qu'autour d'axes perpendiculaires aux plans de projection, parce qu'un point en tournant autour d'un axe décrit une circonférence dont le plan est perpendiculaire à l'axe, et pour que cette circonférence soit mise en évidence, il faut que son plan soit (114) parallèle à l'un des plans de projection, par suite que l'axe de rotation soit vertical ou debout.

80. Problème. — *Faire tourner un point d'un angle donné α autour d'un axe vertical.*

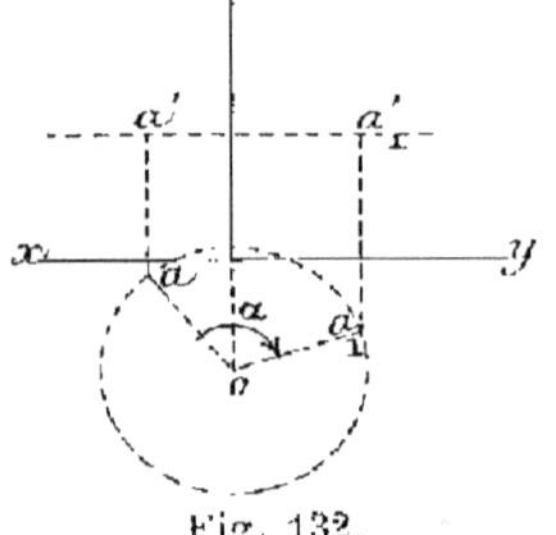
Fig. 132.

Soient le point aa' et l'axe vertical de pied o. Le point en tournant autour de l'axe décrit une circonférence dont le plan est perpendiculaire à l'axe et dont le centre est sur l'axe; donc la projection verticale du point se meut sur une parallèle à xy et sa projection horizontale sur un cercle décrit de o comme centre avec oa comme rayon (*fig. 132*).

En outre, dans le cercle décrit par le point dans l'espace, l'angle des rayons allant à la nouvelle et à l'ancienne position du point est égal à l'angle de rotation α, et cet angle se projette horizontalement en grandeur naturelle ; par suite, l'angle des droites oa_1 et oa aboutissant à l'ancienne et à la nouvelle projection horizontale du point est égal à l'angle de rotation α et compté bien entendu dans le sens indiqué pour la rotation. Finalement la nouvelle position du point est $a_1 a'_1$.

81. Problème. — *Faire tourner un point* aa' *d'un angle donné* α *autour d'un axe debout de pied* o'.

Par des raisonnements analogues on montre que la projection horizontale nouvelle se trouve sur la parallèle à xy menée par a, la projection verticale nouvelle sur le cercle décrit de o' comme centre avec $o'a'$ comme rayon ; de plus l'angle $\widehat{a'o'a'_1}$ est égal à α et compté dans le sens indiqué pour la rotation (*fig.* 133).

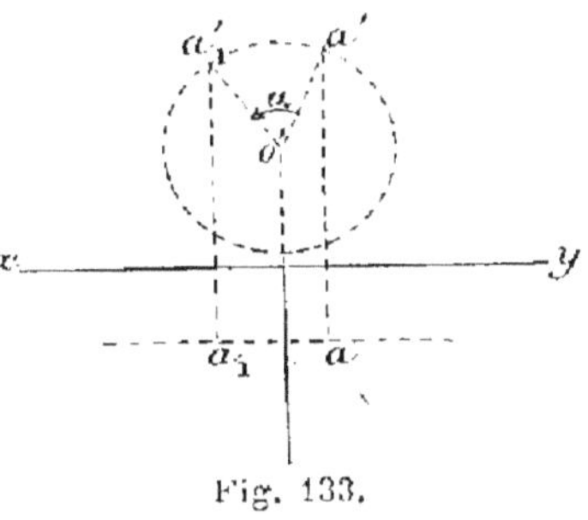

Fig. 133.

82. Problème. — *Faire tourner une droite* AA' *d'un angle donné* α *autour d'un axe vertical de pied* o.

Il suffit de faire tourner deux points de la droite, plus particulièrement la trace horizontale aa' et le pied pp' de la perpendiculaire commune (69) entre la droite et l'axe. Soit $p_1 p'_1$ la nouvelle position du point pp' après la rotation ; la nouvelle projection horizontale de la droite est A_1 perpendiculaire à op_1 (*fig.* 134).

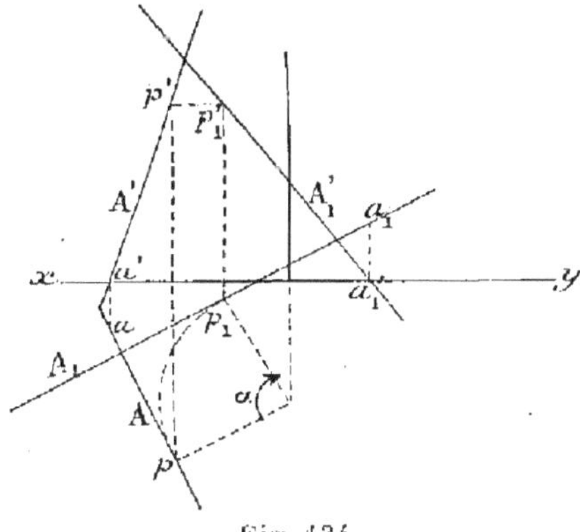

Fig. 134.

Pour effectuer la rotation de aa', on porte la longueur p_1a_1 égale à pa et dans le même sens par rapport à p_1 que se trouve placée pa par rapport à p, c'est-à-dire à droite dans notre épure; cela tient à ce que les figures ne se déforment pas pendant les rotations qu'elles subissent.

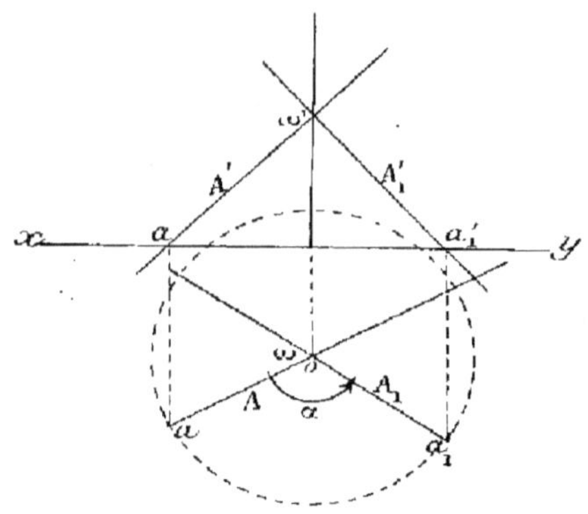

La nouvelle projection verticale de la droite est $p'_1a'_1$ ou A'_1.

83. Cas particulier. — *La droite rencontre l'axe en $\omega\omega'$.*

Le point $\omega\omega'$ reste fixe; en faisant tourner un seul point de la droite, plus particulièrement sa trace horizontale, on obtient les nouvelles projections A_1 et A'_1 de la droite (*fig.* 133).

Fig. 135.

84. Problème. — *Faire tourner un plan d'un angle donné α autour d'un axe vertical de pied o.*

On fait tourner trois points ou bien un point et une droite du plan.

LE PLAN EST DÉTERMINÉ PAR SES TRACES

L'axe perce le plan $P\alpha P'$ (*fig.* 136) en un point $\omega\omega'$ que nous avons obtenu à l'aide de la ligne de front FF' et qui reste fixe pendant la rotation. Reste à faire tourner une droite du plan; on choisit αP.

La perpendiculaire op, abaissée du pied o de l'axe sur αP, devient après la rotation op_1, et la nouvelle trace horizontale est la perpendiculaire à op_1 menée par p_1.

Le plan est maintenant défini par sa trace horizontale βP_1 et le point $\omega\omega'$; on en déduit sa trace verticale nouvelle $\beta P'_1$, qui est parallèle à la projection verticale de la droite de front LL'.

On remarquera que $\beta P'_1$ n'est pas la position qu'occupe $\alpha P'$ après la rotation.

Si le plan $P\alpha P'$ est parallèle à xy, on détermine son

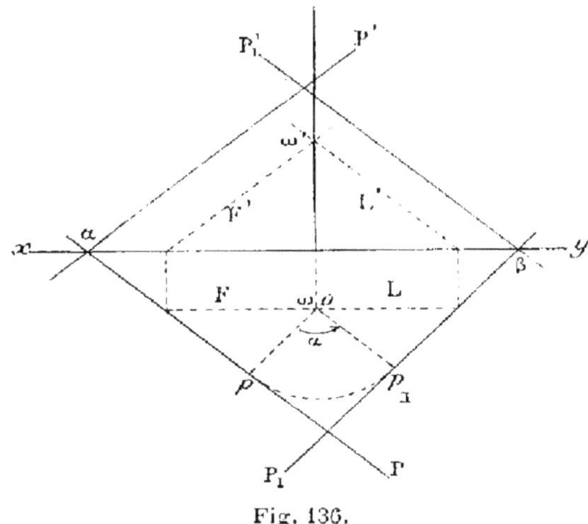

Fig. 136.

point $\omega\omega'$ à l'aide de l'une quelconque de ses droites dont la projection horizontale passe par ω (48), et l'on effectue ensuite les mêmes opérations que pour un plan quelconque.

LE PLAN EST DÉTERMINÉ PAR DEUX DROITES QUI SE COUPENT

On peut déterminer le point où l'axe perce le plan, c'est-à-dire le point qui reste fixe pendant la rotation, et faire tourner la trace horizontale du plan.

Il est aussi assez simple de faire tourner de l'angle α le point aa' commun aux deux droites et les points bb' et cc' des deux droites qui sont tels que $ob = oc = oa$ (*fig.* 137).

Soient $a_1a'_1$, $b_1b'_1$, $c_1c'_1$ ce que deviennent ces trois points après la rotation ; les deux droites occupent maintenant les positions a_1b_1, $a'_1b'_1$ ou $A_1A'_1$ et a_1c_1, $a'_1c'_1$

ou $B_1 B'_1$, et le plan est déterminé par les deux droites dans leurs nouvelles positions.

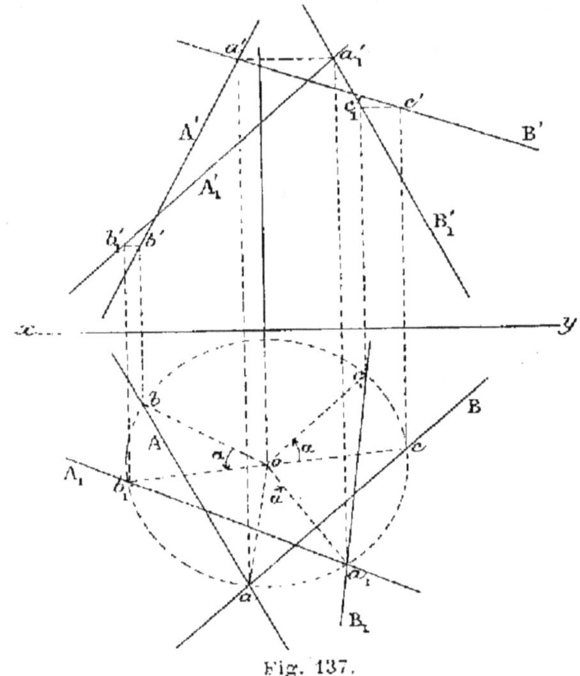

Fig. 137.

Pour obtenir les points b_1 et c_1, nous avons porté les arcs bb_1 et cc_1 égaux à aa_1.

EXERCICES SUR LES ROTATIONS

1. — Rendre un plan horizontal par deux rotations successives.

2. — Rendre une droite verticale par deux rotations successives.

3. — Amener par trois rotations un système de deux plans rectangulaires à être parallèles aux plans de projection.

4. — Faire tourner une droite autour d'un axe vertical jusqu'à ce que sa projection verticale soit parallèle à une direction donnée dans le plan vertical.

5. — Faire tourner une droite autour d'un axe vertical jusqu'à ce qu'elle devienne parallèle à un plan donné, en particulier à l'un des bissecteurs des plans de projection.

6. — Faire tourner un plan autour d'une verticale jusqu'à ce qu'il passe par un point donné.

7. — Faire tourner un plan autour d'une verticale jusqu'à ce qu'il devienne parallèle à une droite donnée, en particulier à une droite perpendiculaire au deuxième bissecteur.

8. — Faire tourner un point autour d'un axe debout jusqu'à ce qu'il arrive dans un plan donné.

9. — Faire tourner un point autour d'une horizontale d'un plan jusqu'à ce qu'il arrive dans le plan.

Par un changement de plan vertical on commencera par amener l'axe de rotation à être debout, et l'on effectuera ensuite la rotation.

§ III. — Des rabattements

85. Définition et théorie du rabattement. — *Rabattre un plan* P *sur un autre plan* Q, *c'est coucher le premier sur le second en le faisant tourner autour de leur droite commune.*

Nous n'effectuerons que des rabattements sur des plans parallèles aux plans de projection ou bien sur les plans de projection eux-mêmes ; ce sont les seuls dont les applications soient toutes simples et conduisent à des résultats pratiques.

Soient O un point quelconque du plan P, o sa projection horizontale, I sa projection sur le plan horizontal Q, et $O\Omega$ la ligne de plus grande pente menée par O dans le plan P par rapport au plan horizontal (*fig.* 138) ; on sait que le plan $OI\Omega$ est perpendiculaire à l'horizontale H. En tournant autour de la charnière H, le point O décrit dans le plan vertical $OI\Omega$ une circonférence de centre Ω et de rayon ΩO ; il se rabat

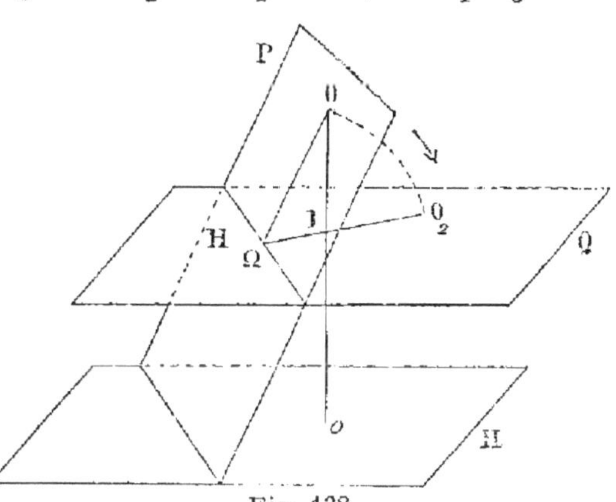

Fig. 138.

donc sur le plan horizontal Q au point O_2, *situé sur la perpendiculaire ΩI à la charnière, et à une distance de Ω égale à l'hypoténuse du triangle rectangle $OI\Omega$ qui a pour côtés de l'angle droit, d'une part la différence OI des cotes entre le point O et la charnière, d'autre part la distance $I\Omega$ de la projection horizontale du point à la projection horizontale de la charnière* (la distance entre les projections horizontales du point et de la charnière est évidemment la même, quel que soit le plan horizontal sur lequel on la mesure).

Nous supposons essentiellement que le plan P n'est pas vertical, sinon OI coïnciderait avec $O\Omega$ et le triangle rectangle $OI\Omega$ n'existerait plus.

86. Exemple. — *On rabat un plan autour de son horizontale HH' sur le plan horizontal Q' de cette droite, trouver le rabattement d'un point quelconque oo' du plan (fig. 139).*

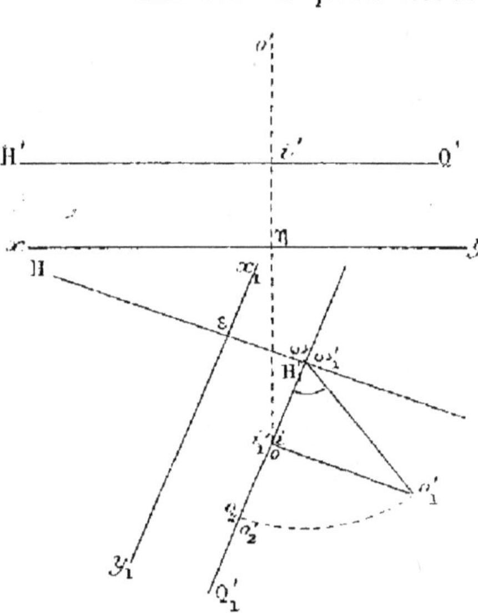

Fig. 139.

Le plan donné peut être envisagé comme défini par son horizontale et le point oo'.

La verticale du point oo' rencontre le plan horizontal Q' en ii'; $I\Omega$ se projette en grandeur naturelle suivant la droite $i\omega$ qui est perpendiculaire à H et qui est en même temps la projection horizontale de la ligne de plus grande pente $O\Omega$.

Construisons le triangle $\omega i o'_1$, rectangle en i et tel que $io'_1 = i'o'$; puis faisons tourner son hypoténuse de façon à l'amener en ωo_2; nous avons en o_2, d'après ce qui précède (85), le rabattement du point O.

87. Règle du triangle rectangle. — La théorie que nous avons exposée (85) et l'exemple général que nous avons traité (86) nous conduisent à résumer les opérations du rabattement d'un point du plan en la règle suivante, dite *règle du triangle rectangle :*

Le rabattement d'un point d'un plan autour d'une horizontale de ce plan se trouve sur la perpendiculaire menée par la projection horizontale du point à la projection horizontale de la charnière ; et à une distance de celle-ci égale à l'hypoténuse d'un triangle rectangle qui a pour côtés de l'angle droit les distances des deux projections du point aux deux projections de même nom de la charnière.

88. Remarque. — Quoique le rabattement d'un point d'un plan quelconque sur un plan horizontal soit résumé en la règle bien simple du *triangle rectangle,* il est aisé de montrer que c'est une *opération double* comprenant un changement de plan suivi d'une rotation.

Prenons en effet une ligne de terre $x_1 y_1$ perpendiculaire à H (*fig.* 139) et telle que $\omega \varepsilon = i' \eta$; effectuons un changement de plan vertical avec cette ligne de terre. La charnière IHI' devient la droite debout de pied H'_1 ; la ligne de plus grande pente $O\Omega$ a pour projection verticale nouvelle $\omega'_1 o'_1$; le plan horizontal Q' a pour nouvelle trace verticale Q'_1.

Faisons maintenant subir au plan donné une rotation autour de l'axe debout HH'_1 mesurée par l'angle $\overline{o'_1 \omega'_1 i'_1}$; le point oo'_1 vient occuper la position $o_2 o'_2$ déjà obtenue par la règle du *triangle rectangle*. En somme le changement de plan a pour but d'amener la charnière à être debout, de trouver la longueur $o'_1 \omega'_1$ de la droite $O\Omega$ qui est de front dans le système $x_1 y_1$, et aussi la grandeur $\overline{o'_1 \omega'_1 i'_1}$ de l'angle des droites $O\omega$ et $I\omega$ toutes deux de front dans le système $x_1 y_1$, c'est-à-dire l'angle de la ligne de plus grande pente du plan donné avec sa projection sur un plan horizontal, ou enfin, en d'autres termes, l'angle du plan donné avec le plan horizontal.

Ces éléments obtenus, dans la rotation autour de la charnière rendue debout l'arc de cercle décrit par le point O se trouve mis en évidence et projeté verticalement en $o'_1 o'_2$ dans le système $x_1 y_1$.

On voit donc que le rabattement du point O n'est pas autre chose qu'une succession de deux opérations : changement de plan et rotation ; aussi engageons-nous surtout les commençants, pour ne laisser place à aucune confusion, à conserver à chaque opération son nom propre ; en particulier doivent-ils éviter d'appeler rabattement l'opération qui consiste à prendre, comme nouveau plan vertical ou horizontal de projection, un plan vertical ou debout donné, opération qui est un changement de plan.

89. Simplification pour le rabattement des autres points du plan. — Le point O étant rabattu en o_2, au lieu de former des triangles rectangles analogues pour les autres points du plan, il vaut mieux employer le procédé suivant dont les constructions sont plus rapides et chargent moins l'épure.

Soit m la projection horizontale d'un autre point du plan donné ; la droite OM rencontrant la charnière en E, se rabat suivant eo_2 ; le rabattement m_2 du point M se trouve par suite à l'intersection de eo_2 et de la perpendicu-

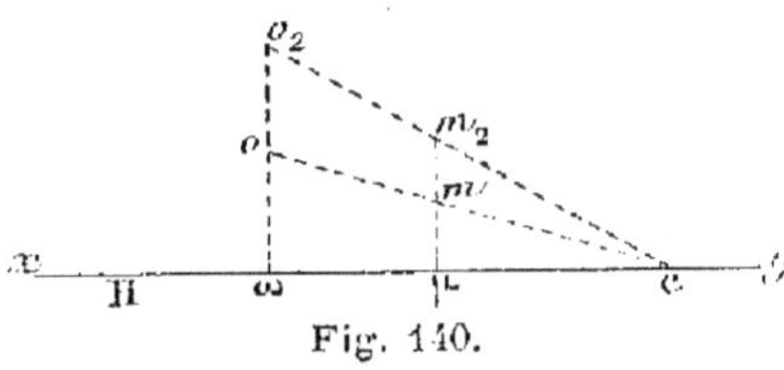

Fig. 140.

laire $m\mu$ à la projection horizontale de la charnière (*fig.* 140). (Dans l'épure on n'a pas représenté les projections verticales qui sont inutiles pour expliquer ce procédé de simplification.)

90. Application du procédé de simplification au rabattement sur le plan horizontal d'un plan PAP′ défini par ses traces. — Soit un point quelconque bb' déterminé à l'aide d'une droite quelconque ac, $a'c'$ du plan (*fig.* 141). On peut construire le rabattement a_2 du point aa' par la règle ordinaire du triangle rectangle ; mais il est préférable de remarquer que la distance aa' ne s'altérant pas pendant le mouvement du plan, le point a_2 s'obtient en coupant, par un cercle décrit de α comme centre avec aa' pour rayon, la perpendiculaire abaissée de a sur la charnière αP. Le point c ne bouge pas ; donc la droite AC se rabat suivant la droite $a_2 c$ qui contient le rabattement b_2 du point bb' (89).

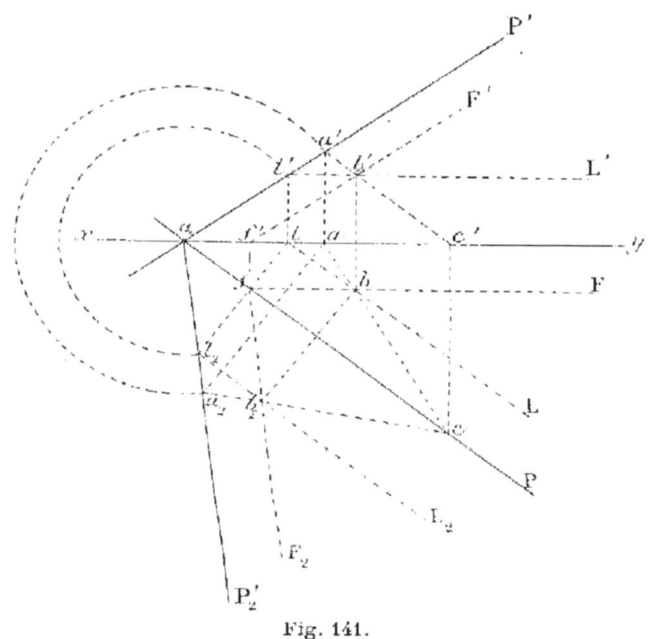

Fig. 141.

Lorsqu'au lieu d'une droite quelconque ac, $a'c'$ on emploie, pour déterminer le point bb', l'horizontale LL', les constructions du rabattement sont toutes pareilles aux précédentes, seulement le point aa' est remplacé par ll' et le point cc' par un point à l'infini sur αP, en sorte que le rabattement L_2 de l'horizontale LL' est parallèle à αP.

Lorsque la trace verticale est déjà rabattue en $\alpha P'_2$, on rabat aussi assez simplement un point bb' du plan à l'aide de la ligne de front FF' qui y passe ; le point aa' de la droite ac, $a'c'$ considérée tout à l'heure est remplacé par le point à l'infini sur $\alpha P'$ et le point cc' par ff'; par suite le rabattement F_2 de FF' est parallèle à $\alpha P'_2$.

91. Problème du relèvement. — *Étant donné un plan, trouver les projections de celui de ses points qui se rabattrait en* b_2 *si l'on rabattait le plan autour de son horizontale* HH' *sur le plan horizontal* Q' *de cette horizontale.*

Nous pouvons envisager le plan (*fig.* 142) comme défini par HH' et l'un quelconque de ses points; soit oo' ce point

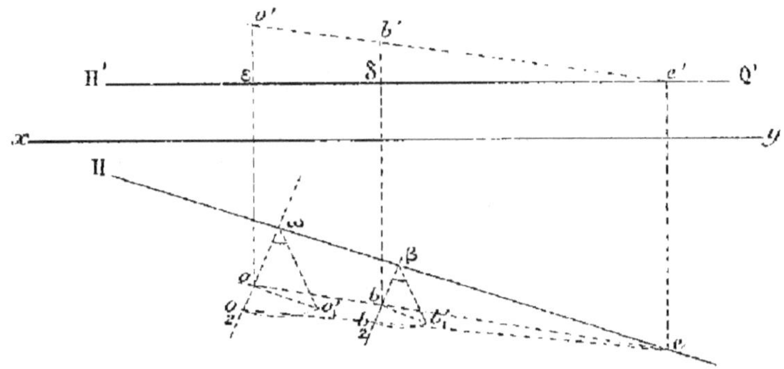

Fig. 142.

que nous rabattons en o_2 à l'aide du triangle rectangle $o'_1 \omega o$ dans lequel $oo'_1 = o'\varepsilon$ (86); nous savons que l'angle $\overline{o'_1 \omega o}$ mesure (88) le rectiligne du dièdre que fait le plan donné avec le plan horizontal Q'; or le rectiligne est indépendant du point de l'arête du dièdre où on le forme, de là la construction :

On abaisse $b_2\beta$ perpendiculaire à H (*fig.* 142), on mène la droite $\beta b'_1 = \beta b_2$ parallèle à $\omega o'_1$, on abaisse bb'_1 perpendiculaire sur βb_2 et enfin sur la ligne de rappel issue de b on porte $\delta b' = bb'_1$; on a ainsi les projections demandées b et b'.

92. Simplification pour le relèvement des points du plan. — On emploie pour le relèvement des simplifications analogues à celles du rabattement. La droite $o_2 b_2$ rencontrant la projection horizontale de la charnière en e, la droite OB a pour projections oe, $o'e'$ (*fig.* 142); le point b se trouve donc à l'intersection de oe et de la perpendiculaire $b_2\beta$ à H, et il ne reste plus qu'à le rappeler en b'.

93. Application du procédé de simplification au relèvement d'un plan déterminé par sa trace horizontale et le rabattement de sa trace verticale sur le plan horizontal de projection. — Soient αP la trace horizontale et αP$'_2$ le rabattement de la trace verticale sur le plan horizontal de projection (*fig.* 141); on se propose de trouver les projections du point du plan dont le rabattement est b_2.

Prenons sur αP$'_2$ un point quelconque a_2; sa projection horizontale a est à l'intersection de xy et de la perpendiculaire $a_2 a$ à αP; sa projection verticale a' est à l'intersection de la ligne de rappel issue de a et du cercle décrit de α comme centre avec αa_2 pour rayon (il y a deux solutions); on détermine ainsi la trace verticale αP$'$ (*fig.* 141).

Pour obtenir b et b' on a employé la simplification indiquée au n° **92**; le point cc' de ab, $a'b'$ reste fixe pendant le relèvement.

On peut aussi relever le point bb' à l'aide de son horizontale LL$'$ dont le rabattement est L$_2$ parallèle à αP et dont le point qui a pour rabattement l_2 se relève en ll'.

On peut enfin se servir de la ligne de front du point bb'; son rabattement F$_2$ est parallèle à αP$'_2$ et ses projections sont F et F$'$, puisque son point ff' reste fixe pendant le relèvement.

EXERCICES SUR LES RABATTEMENTS

1. — Etant donnée une droite rencontrant xy en $\alpha\alpha'$, mener par cette droite un plan PαP$'$ tel que l'angle de ses deux traces dans l'espace ait pour bissectrice la droite donnée.

2. — Etant donnée la trace horizontale αP d'un plan, trouver la trace verticale αP$'$ du plan de façon que son rabattement sur le plan horizontal autour de αP soit en prolongement de αP$'$.

3. — Etant donnés une droite et un cercle par son plan, son centre et son rayon, trouver une droite parallèle à la droite donnée, rencontrant xy et le cercle donné.

4. — Etant donnée la trace verticale $\alpha P'$ d'un plan, trouver la trace horizontale αP de façon que le rabattement de $\alpha P'$ autour de αP soit dans le prolongement de $\alpha P'$.

5. — Etant donné un angle $P\alpha P'$, mener par α une droite xy telle que si on regarde xy comme ligne de terre, αP et $\alpha P'$ comme traces d'un plan, le rabattement de $\alpha P'$ autour de αP soit dans le prolongement de $\alpha P'$.

6. — Trouver sur une horizontale donnée deux points qui forment un triangle équilatéral avec un point donné de xy.

CHAPITRE IX

DÉTERMINATION DES DISTANCES

94. Problème. — *Trouver la distance de deux points* aa' *et* bb'.

Prenons le plan projetant horizontalement la droite AB

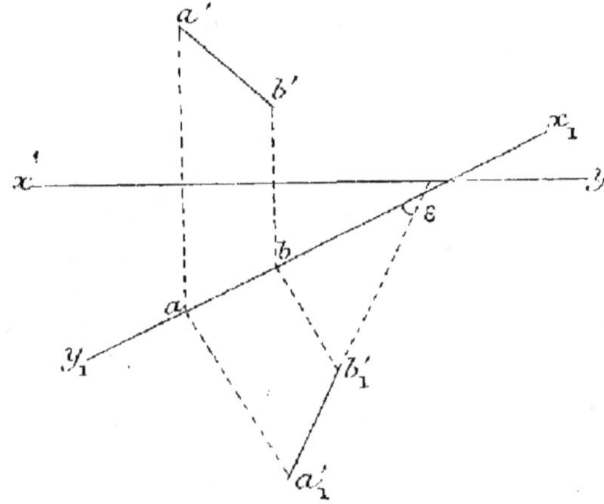

Fig. 143.

comme nouveau plan vertical de projection ; soient a'_1 et b'_1 les projections verticales nouvelles des deux points ; la distance cherchée est mesurée par $a'_1 b'_1$, puisque les deux points se trouvent dans le nouveau plan vertical de projection (*fig.* 143). Nous obtenons en même temps en $\overset{\frown}{b'_1 \varepsilon b}$ l'angle de la droite avec le plan horizontal de projection.

On peut aussi faire tourner ab, $a'b'$ autour de la verticale de pied b pour l'amener à être de front en $a_1 b$, $a'_1 b'$ et $a'_1 b'$ est la distance cherchée (*fig.* 144); $\overset{\frown}{b'_1 a'_1 a'}$ est l'angle de la droite AB avec le plan horizontal.

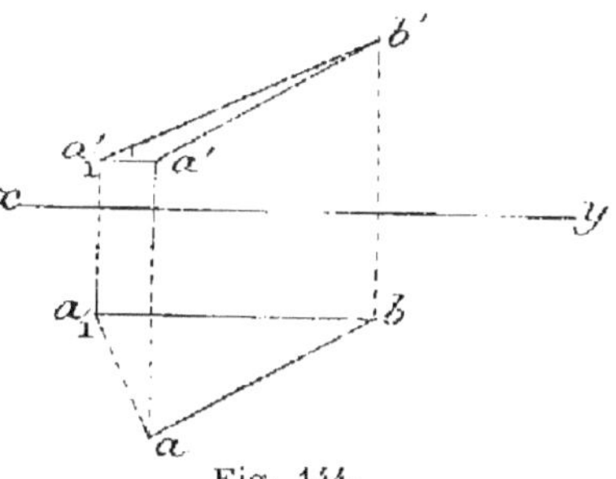

Fig. 144.

On opérera de la même façon pour porter sur une droite une longueur donnée à partir d'un point donné.

95. Problème. — *Trouver la distance d'un point* mm′ *à un plan.*

Première solution. On abaissera la perpendiculaire mn, $m'n'$ sur le plan (65) et déterminera ensuite la distance des deux points mm' et nn' (94). Mais nous avons vu que les constructions indiquées au n° 65 ne peuvent plus s'effectuer lorsque le plan est parallèle à xy.

Voici une deuxième solution *absolument générale.*

Deuxième solution. Avec une ligne de terre perpendiculaire à la projection horizontale de l'une des horizontales du plan on effectue un changement de plan vertical; le plan donné devient debout dans le système $x_1 y_1$; on lui mène dans ce système la perpendiculaire issue du point donné, et l'on effectue enfin le changement de plan inverse.

Soit par exemple le plan PαP′ (*fig.* 145) parallèle ou non à xy; effectuons le changement de plan vertical avec $x_1 y_1$ menée par m perpendiculairement à αP; le point bb' a pour projection verticale nouvelle b'_1 et la nouvelle trace verticale du plan est $\beta b'_1$ ou P′_1; soit m'_1 la projection verticale du point mm' dans le système $x_1 y_1$; dans

5.

ce système, la perpendiculaire abaissée du point sur le plan est la droite mn, $m'_1 n'_1$ dont la projection verticale est perpendiculaire à P'_1, et la distance demandée est $m'_1 n'_1$.

Si l'on effectue le changement de plan vertical inverse, on a en mn et $m'n'$ les projections de la perpendiculaire dans le système primitif, et, à titre de vérification, $m'n'$ est perpendiculaire à $\alpha P'$.

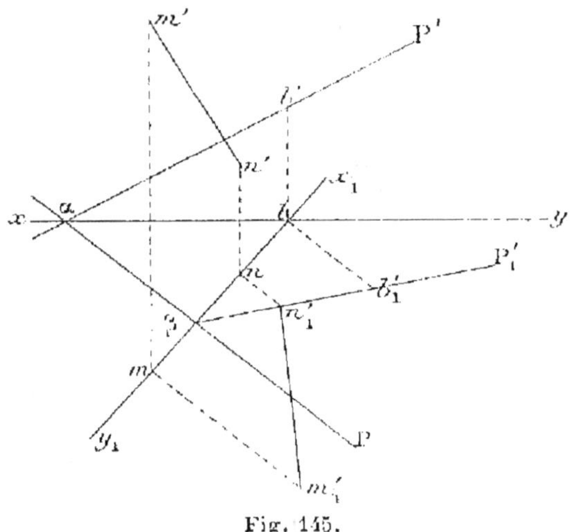

Fig. 145.

Il est clair que le changement de plan qu'indique cette solution se trouve tout fait lorsque le plan donné est perpendiculaire à l'un des plans de projection, et il n'y a alors qu'à mener la perpendiculaire demandée.

96. Problème. — *Trouver la distance d'un point* mm' *à une droite* **AA'**.

Première méthode. On abaissera la perpendiculaire mn, $m'n'$ sur la droite (66), et l'on mesurera la distance des deux points mm' et nn' (94).

Cette méthode s'applique à une droite quelconque et à une droite parallèle à l'un des plans de projection; mais nous avons vu que les constructions du n° **66** tombent en défaut lorsque la droite AA′ est de profil.

Voici une autre méthode, absolument générale, qui

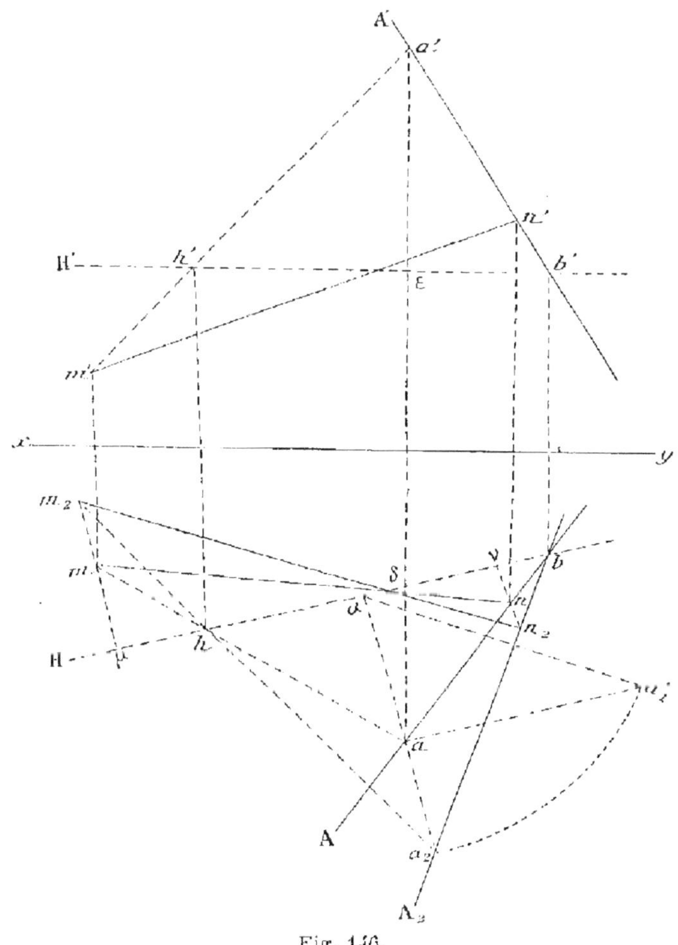

Fig. 146.

n'est toutefois pas avantageuse pour une droite parallèle à l'un des plans de projection.

Deuxième méthode. Soient le point *mm′* et la droite **AA′** de profil ou non ; je joins *mm′* à un point *aa′* de **AA′**, et par un autre point bb' de AA' je mène l'horizontale HH' du plan que forment la droite AA' et le point donné (*fig.* 146).

Je rabats ce plan sur le plan horizontal de l'horizontale AA'; le point aa' se rabat en a_2 à l'aide du triangle rectangle $\alpha aa'_1$ dans lequel $aa'_1 = \varepsilon a'$; le point hh' étant sur la charnière, la droite am, $a'm'$ se rabat suivant a_2h, et nous en déduisons le rabattement m_2 du point mm' sur la perpendiculaire $m\mu$ à H; la droite AA' a pour rabattement a_2b ou A_2, et en abaissant m_2n_2 perpendiculaire sur A_2 nous avons le rabattement suivant m_2n_2 de la distance demandée.

A l'aide de la perpendiculaire $n_2\nu$ à H, on trouve la projection horizontale n du pied de la perpendiculaire cherchée mn, $m'n'$; il ne reste plus qu'à rappeler n en n'.

Comme vérification, m_2n_2 et mn se coupent en δ sur H.

97. Problème. — *Plus courte distance de deux droites quelconques.*

La plus courte distance de deux droites est la longueur de leur perpendiculaire commune. On construira donc la perpendiculaire commune (**67**) et l'on en mesurera la longueur (**94**).

Nous avons vu (**68**) que les procédés de recherche de la direction de la perpendiculaire commune tombent en défaut lorsque l'une des droites est parallèle à xy et l'autre de profil. Nous allons donner une méthode *absolument générale* pour résoudre le problème de la plus courte distance entre une droite parallèle à l'un des plans de projection et une droite quelconque; ce problème comprendra le cas particulier que nous venons de signaler.

98. Problème. — *Trouver la plus courte distance entre une droite* AA' *parallèle à l'un des plans de projection et une droite quelconque* BB'.

Soient, par exemple, la droite de front AA' et la droite quelconque BB' (*fig.* 147); effectuons un changement de plan horizontal avec une ligne de terre x_1y_1 perpendiculaire à A'; les projections horizontales nouvelles de AA' et BB' sont le point A_1 et la droite B_1 ; l'une des droites est verticale dans le nouveau système, et l'on est ramené au premier exemple du n° 69.

La perpendiculaire commune est dans le système $x_1 y_1$

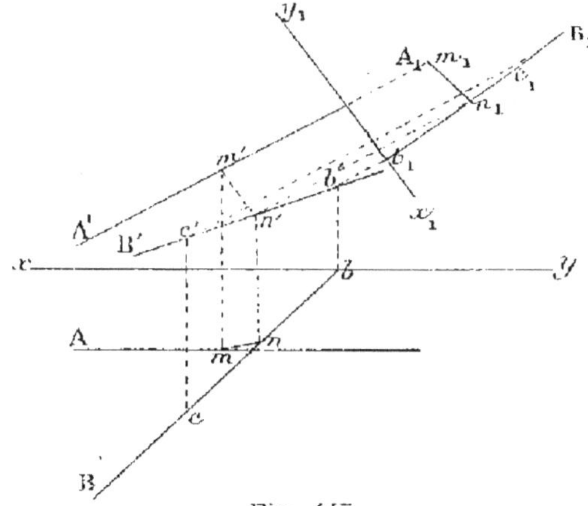

Fig. 147.

l'horizontale $m_1 n_1$, $m'n'$ dont la projection horizontale est la perpendiculaire à B_1 menée par le point A_1, et dont la longueur est mesurée par $m_1 n_1$.

En rappelant m' et n' en m et n sur A, on obtient la projection horizontale de la perpendiculaire commune dans le système primitif.

EXERCICES SUR LE CHAPITRE X

1. — Porter sur une droite une longueur donnée à partir d'un point donné.

2. — Mener un plan parallèle à un plan donné et tel que la distance entre les deux plans ait une longueur donnée.

3. — Appliquer le problème n° **98** à la plus courte distance entre xy et une droite quelconque.

4. — Trouver la projection horizontale d'une droite parallèle au deuxième bissecteur, connaissant sa projection verticale et la longueur de la plus courte distance entre la droite cherchée et xy.

CHAPITRE X

DÉTERMINATION DES ANGLES

99. Problème. — *Trouver l'angle de deux droites AA' et BB'.*

On peut toujours supposer que les deux droites se coupent, sinon, par un point de AA', on mènerait une parallèle avec AA'.

Le problème de l'angle de deux droites présente deux cas : le plan des deux droites est ou bien n'est pas perpendiculaire à l'un des plans de projection.

1° *Le plan des deux droites est par exemple vertical.*

Les projections horizontales A et B sont alors confondues suivant une même droite que l'on choisit comme nouvelle ligne de terre, et l'on effectue ainsi un changement de plan vertical en prenant le plan même des deux droites comme nouveau plan vertical de projection. Soient a'_1, b'_1 et o'_1 les projections verticales nouvelles des points aa', bb' et oo', et, par suite, soient A'_1 et B'_1 (*fig.* 148) les projections verticales des deux droites dans le système x_1y_1 ; l'angle de ces deux projections est l'angle cherché.

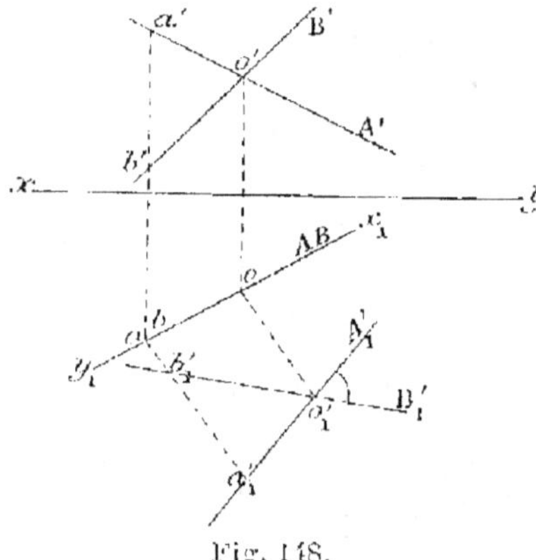

Fig. 148.

On peut aussi résoudre le problème en amenant le plan des deux droites à être de front par une rotation autour d'un axe vertical.

2° *Le plan des deux droites n'est ni vertical ni debout.*

On rabat le plan des deux droites autour de l'une quelconque ab, $a'b'$ de ses horizontales H'H ; les points aa' et bb' ne bougent pas ; le point oo' se rabat en o_2 à l'aide du triangle rectangle $\omega oo'_1$ dans lequel $oo'_1 = o'\alpha$; les deux droites données ont pour rabattements les droites o_2a ou A_2 et o_2b ou B_2 dont l'angle est l'angle cherché (*fig.* 149).

Nous avons construit le rabattement $o_2\varepsilon$ de la bissectrice de l'angle des deux droites, et puis nous avons relevé cette bissectrice en $o\varepsilon$, $o'\varepsilon'$. ($o_2\varepsilon$ est bissectrice de l'angle A_2 et B_2.)

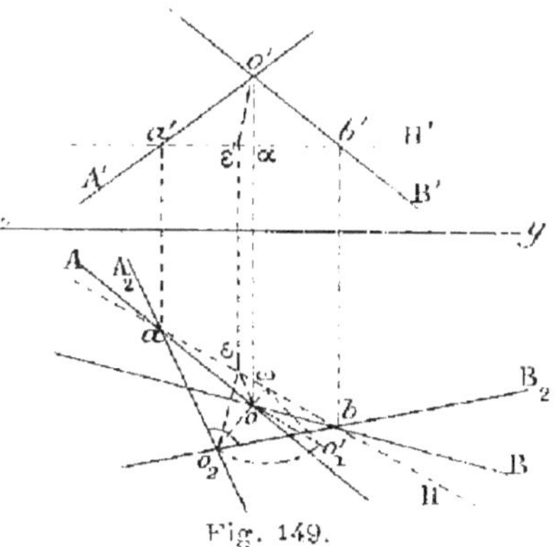

Fig. 149.

Si l'une des droites est horizontale ou de front, on s'en sert comme charnière au lieu de l'horizontale auxiliaire ab, $a'b'$.

100. Problème. — *Trouver l'angle d'une droite* AA' *et d'un plan.*

L'angle d'une droite et d'un plan est l'angle aigu que fait la droite avec sa projection sur le plan.

D'un point de la droite AA' on abaisse la perpendiculaire BB' sur le plan ; le complémentaire de l'angle aigu que forment les deux droites AA' et BB' est l'angle cherché, en sorte que l'on est ramené à la question de l'angle de deux droites.

Nous engageons le lecteur à faire l'épure de ce problème.

101. Problème. — *Trouver l'angle d'une droite avec les plans de projections.*

Ce problème est un cas particulier du précédent ; il a

été traité incidemment par un changement de plan ou une rotation au n° 94.

102. Problème. — *Trouver l'angle de deux plans* PαP′ *et* QβQ′.

Le problème comprend deux cas : la droite d'intersection des deux plans est ou n'est pas parallèle à l'un des plans de projection.

1° *L'intersection des deux plans est, par exemple, horizontale.*

Dans ce cas les deux plans ont leurs traces horizontales parallèles à la droite d'intersection HH′ et, par suite,

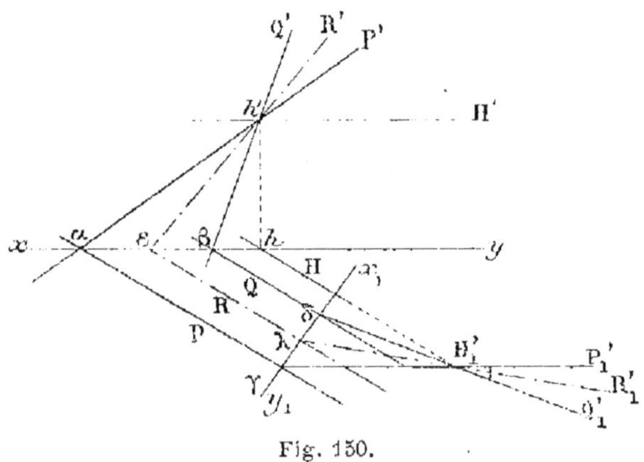

Fig. 150.

parallèles entre elles (*fig.* 150). Le plan d'un rectiligne est un plan vertical dont la trace horizontale x_1y_1 est perpendiculaire à H; si l'on prend ce plan comme nouveau plan vertical de projection, l'angle des traces verticales nouvelles des deux plans sera en grandeur naturelle le rectiligne du dièdre des deux plans.

La projection verticale nouvelle de l'intersection est le point H′₁ ; les deux plans sont debout dans le système x_1y_1 suivant PγP′₁ et QδQ′₁, et, ainsi que nous venons de l'expliquer, nous avons en $\widehat{γH′_1δ}$ l'angle des deux plans.

Il est facile de construire le plan bissecteur du dièdre

considéré ; sa trace verticale R'_1 est dans le système $x_1 y_1$ la bissectrice $H'_1 \lambda$ de l'angle de P'_1 et de Q'_1 ; j'en déduis sa trace horizontale $\lambda \varepsilon$ ou R, et puis sa trace verticale $\varepsilon h'$ ou R' dans le système primitif.

La solution que nous avons donnée et qui consiste à mettre en évidence le rectiligne du dièdre par un changement de plan, est *absolument générale;* elle s'applique toutes les fois que l'intersection des deux plans est parallèle à l'un des plans de projection.

2° *L'intersection des deux plans n'est parallèle à aucun des plans de projection.*

Soient les deux plans quelconques $P\alpha P'$, $Q\beta Q$, et

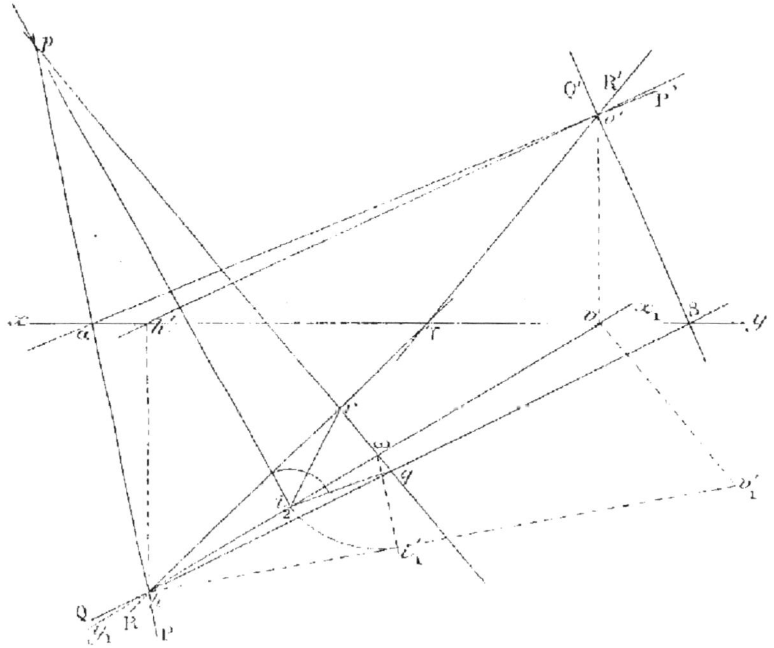

Fig. 151.

hv, $h'v'$ leur intersection (*fig.* 151) ; le plan d'un rectiligne n'est ici perpendiculaire à aucun des plans de projection, sa trace horizontale pq est perpendiculaire à hv (n° **62**). Je désigne par I le point de rencontre du plan

du rectiligne avec l'intersection hv, $h'v'$; je remarque :
1° que la droite ωI est perpendiculaire à l'intersection
hv, $h'v'$, puisqu'elle est située dans le plan du rectiligne
considéré; 2° que la droite ωI est perpendiculaire à pq,
puisqu'elle est située dans le plan projetant horizontalement hv, $h'v'$, lequel est perpendiculaire à pq.

Ceci posé, le rectiligne étant l'angle $\widehat{pIq}$, pour en avoir
la grandeur il faut le rabattre sur le plan horizontal autour de pq. Pour cela je prends le plan projetant horizontalement l'intersection comme nouveau plan vertical de projection, en vue d'obtenir la longueur de ωI;
c'est la droite $\omega i'_1$ abaissée perpendiculairement à la projection verticale nouvelle hv'_1 de l'intersection, d'après
la première remarque faite plus haut. En portant main-
tenant la longueur $\omega i'_1$ en ωi_2 sur hv, on aura d'après
la deuxième remarque le rabattement i_2 du point I, et
par suite le rabattement $\widehat{pi_2q}$ du rectiligne $\widehat{pIq}$ du dièdre
des deux plans.

Cette solution est *absolument générale*, et s'applique
toutes les fois que l'intersection des deux plans n'est pas
parallèle à l'un des plans de projection.

Il est aisé de construire le bissecteur du dièdre considéré; il est coupé par le plan du rectiligne $\widehat{pIq}$ suivant la
bissectrice de l'angle $\widehat{pIq}$, droite dont le rabattement i_2r
est la bissectrice de l'angle $\widehat{pi_2q}$; j'en déduis d'abord la
trace horizontale hr ou R de ce plan bissecteur et ensuite
sa trace verticale $\gamma v'$ ou R'.

103. Problème. — *Trouver les angles d'un plan
PαP' avec les plans de projection.*

Ce problème est un cas particulier du premier cas
du précédent problème. Proposons-nous de déterminer
l'angle du plan avec le plan horizontal.

Effectuons un changement de plan vertical avec une
ligne de terre x_1y_1 perpendiculaire à αP; le plan est debout en $P\beta P'_1$ dans le nouveau système (n° **74**), le recti-

ligne déterminé par le plan vertical auxiliaire est mesuré
en $\widehat{P'_1\beta x_1}$ (*fig.* 152).

On peut donner à l'aide des rotations une solution
aussi rapide.

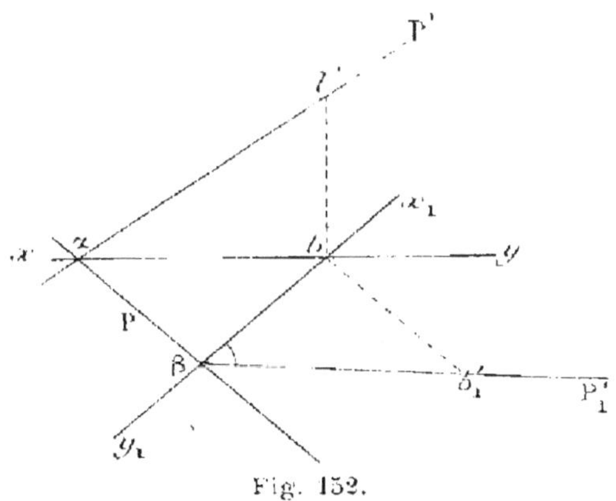

Fig. 152.

Faisons tourner le plan autour d'une verticale de pied
o (n° **84**) de façon à l'amener à être debout en $P_1\beta P'_1$
(*fig.* 153), et nous aurons en $\widehat{P'_1\beta y}$ l'angle cherché; cela

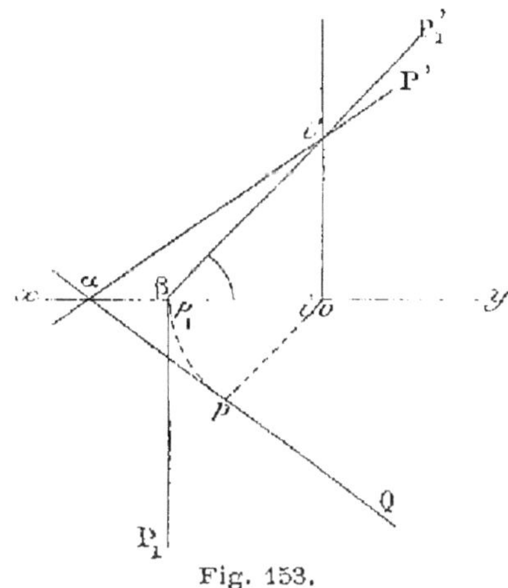

Fig. 153.

tient à ce que l'angle du plan avec le plan horizontal ne
change pas pendant la rotation.

On déterminerait de la même façon l'angle du plan avec le plan vertical de projection.

Le problème avait été traité incidemment au n° 88.

EXERCICES SUR LE CHAPITRE X

1. — Trouver la projection verticale d'une droite, connaissant sa projection horizontale, un point de cette droite et son angle avec l'un des plans de projection.

2. — Mener par un point d'un plan et dans ce plan une droite faisant un angle donné avec le plan horizontal.

3. — Mener par une droite un plan faisant un angle donné avec le plan horizontal.

4. — Etant données les projections horizontales de deux droites, leurs traces horizontales et leur angle, trouver leurs projections verticales.

5. — Etant données les projections horizontales de deux droites et de leur bissectrice, ainsi que leurs traces horizontales, trouver ces deux droites.

6. — Etant donnés un plan et une droite de ce plan, mener par cette droite un plan qui fasse un angle donné avec le plan donné.

7. — Etant données les traces horizontales de deux plans et de leur plan bissecteur, et la projection horizontale de leur intersection, trouver leurs traces verticales.

8. — Etant données la projection verticale de l'intersection de deux plans, leurs traces horizontales supposées parallèles entre elles, et la trace horizontale de leur plan bissecteur, construire ces deux plans.

9. — Mener par un point une droite faisant des angles donnés avec les plans de projection.

10. — Mener par un point un plan faisant des angles donnés avec les deux plans de projection.

11. — Etant donnés les angles α et β que fait xy avec les deux traces d'un plan, calculer : 1° l'angle que forment les deux traces dans l'espace; 2° les angles que fait le plan avec xy et avec les deux plans de projection.

CHAPITRE XI

PRISMES ET PYRAMIDES. — CONSTRUCTIONS DE CES POLYÈDRES

104. Problème. — *Étant donnés deux points* aa' *et* bb' *dans le plan horizontal, et deux points* cc' *et* dd' *dans le plan vertical, construire le tétraèdre qui a ces quatre points pour sommets.*

Pour avoir les projections du tétraèdre, il suffit de joindre deux à deux les projections de même nom des quatre sommets; le tétraèdre est représenté par ses deux projections *abcd* et *a'b'c'd'* (*fig. 134*).

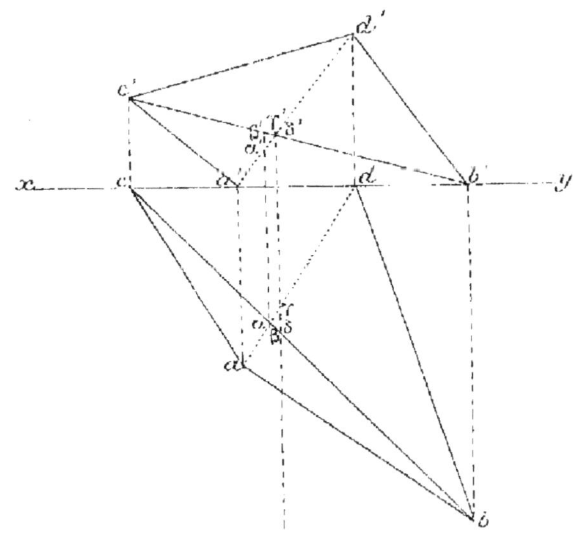

Fig. 134.

Ponctuation de la projection horizontale. Le contour apparent formé de *ab*, *bd*, *dc*, *ca* est forcément vu; reste à ponctuer *bc* et *ad*. Le rayon visuel vertical de pied α s'appuie sur les arêtes BC et AD; il rencontre AD en $\alpha\alpha'$ et BC en $\beta\beta'$ qui est au-dessus de $\alpha\alpha'$, donc le point $\beta\beta'$ est vu en projection horizontale et le point $\alpha\alpha'$ est au contraire caché (n° **19**); donc enfin des deux arêtes AD et BC, c'est celle-ci qui est vue en projection horizontale, l'autre est cachée.

Ponctuation de la projection verticale. Le contour apparent est forcément vu; la ponctuation des deux droites $b'c'$ et $a'd'$ s'établit à l'aide du rayon visuel debout de pied γ' qui rencontre AD en $\gamma\gamma'$ et BC en $\delta\delta'$, c'est-à-dire en avant de $\gamma\gamma'$.

105. Problème. — *Un triangle ABC donné dans le plan horizontal est l'une des bases d'un tronc de prisme limité aux deux plans de projection et dont les arêtes latérales sont parallèles à une direction donnée RR'; construire ce tronc de prisme.*

Menons par A, B et C des parallèles à RR' et prenons

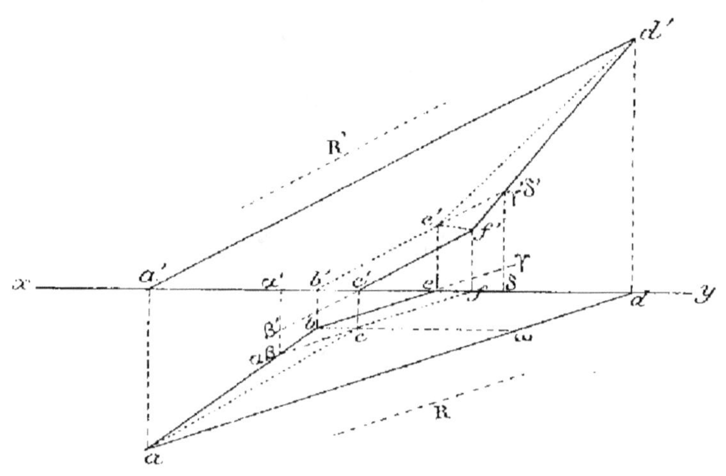

Fig. 155.

les traces verticales D, E et F de ces droites, nous avons ainsi le tronc de prisme demandé (*abcdef, a'b'c'd'e'f'*) (*fig. 155*).

Ponctuation de la projection horizontale. Le contour apparent formé de *ab*, *bc*, *cd* et *da* est vu ; on n'a à chercher que la ponctuation de *cf*, *bc* et *ac*. Le rayon visuel vertical de pied α rencontre AB en $\alpha\alpha'$ et CF au point $\beta\beta'$ qui est au-dessous de $\alpha\alpha'$, donc le point $\beta\beta'$ de CF et par suite toute l'arête CF sont au-dessous du solide ; l'arête CF est cachée en projection horizontale.

Le point C étant au-dessous du tronc de prisme, on en conclut qu'il en est de même des arêtes BC et AC tout entières ; par conséquent ces arêtes sont cachées en projection horizontale.

Du reste on peut aussi établir directement la ponctuation de *bc* par exemple à l'aide du rayon visuel vertical de pied ω s'appuyant sur BC et AD.

Ponctuation de la projection verticale. Le contour apparent formé de $a'd'$, $d'f'$, $f'c'$ et $c'a'$ est vu. Au moyen du rayon visuel debout de pied γ' qui rencontre BE et DF, on montre, par des raisonnements analogues aux précédents, que $b'c'$ est cachée et on en conclut que $d'c'$ et $c'f'$ le sont aussi.

108. Problème. — *Étant donnés un triangle* ABC *dans le plan horizontal et un plan de profil* PP', *construire un tétraèdre* DABC *ayant son sommet* D *dans le plan de profil et tel que les angles* DAB *et* DAC *soient égaux à des angles donnés* 0 *et* ω.

La question revient à construire sur l'angle BAC un trièdre ABCD dont on connaît en grandeur les deux autres faces DAB et DAC (*fig.* 156).

Prenons deux longueurs égales quelconques aS_1 et aS_2 sur les deux droites menées par *a* et faisant respectivement avec *ab* et *ac* les angles 0 et ω ; les points S_1 et S_2 peuvent être considérés comme les rabattements autour de *ab* et *ac* d'un même point S de l'arête AD ; il s'ensuit que la projection horizontale *s* du point S est à l'intersection des perpendiculaires S_1s et S_2s aux deux charnières *ab* et *ac*.

Si maintenant nous formons le triangle rectangle $\sigma ss'_1$

dont l'hypoténuse $\sigma s'_1$ est égale à σS_1, nous aurons en ss'_1 la cote du point S ; on portera cette cote en $\varepsilon s'$, et l'on n'aura plus qu'à prolonger as, $a's'$ jusqu'au plan de profil pour obtenir enfin le sommet D.

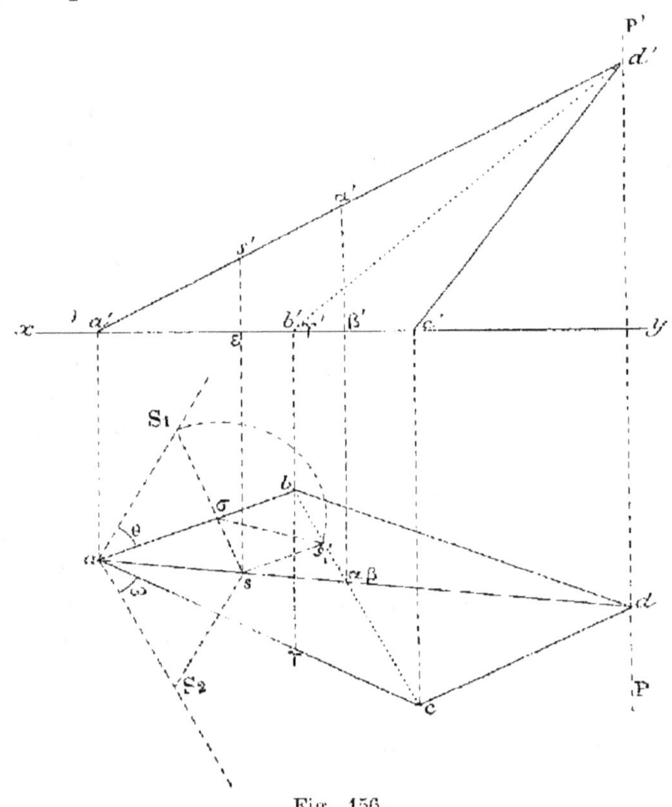

Fig. 156.

Ponctuation de la projection horizontale. Le contour apparent horizontal formé de ab, bd, dc, ca est forcément vu ; d'autre part le rayon visuel vertical de pied α rencontre AD en $\alpha\alpha'$ et BC en $\beta\beta'$ qui est au-dessous de $\alpha\alpha'$, donc ad est vue et bc cachée.

Ponctuation de la projection verticale. Le contour apparent composé de $a'd'$, $d'c'$ et $c'a'$ est forcément vu. Pour savoir si l'arête BD est vue ou cachée, je considère le rayon visuel debout de pied b'; il rencontre BD en bb' et AC en $\gamma\gamma'$ qui est en avant de bb', donc BD est cachée par le tétraèdre en projection verticale.

107. Problème. — *Étant donné un carré* ABCD *dans le plan horizontal, construire sur ce carré un cube* ABCDEFGH.

On n'a qu'à élever les verticales AE, BF, CG et DH égales à AB (*fig.* 157), c'est-à-dire à prendre $a'e' = b'f' = c'g' = d'h' = ab$. La projection horizontale du cube est le carré donné.

Au moyen du rayon visuel debout de pied b' qui rencontre DC en avant de BF, on montre que $b'f'$ est cachée.

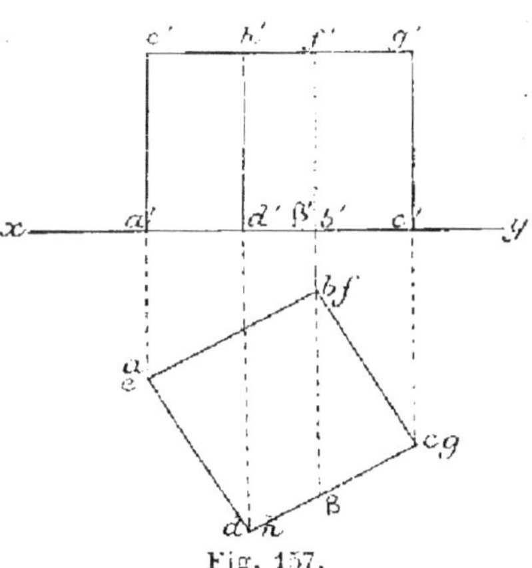

Fig. 157.

108. Problème. — *Étant donnés un plan quelconque* PαP' *et le rabattement* $a_2b_2c_2d_2$ *sur le plan horizontal de la face d'un cube située dans ce plan, construire les projections du cube.*

Commençons par rabattre un point quelconque oo' de la trace verticale du plan, et nous nous servirons de son rabattement o_2 pour relever la face ABCD du cube (*fig.* 158). Puisque o_2a_2 rencontre la charnière en λ, la droite OA se relève suivant $o\lambda$, $o'\lambda'$; nous en déduisons les projections a et a' du sommet A (n° **92**).

De même nous avons relevé les sommets D en dd' et B en bb', en nous servant des points d'intersection ν et μ de la charnière avec o_2d_2 et a_2b_2.

Ayant les projections des trois sommets A, B et D, nous avons mené par B et D des parallèles à AD et AB pour obtenir le sommet C.

Pour avoir le sommet H on a porté une longueur égale

à l'arête a_2b_2 du cube sur la perpendiculaire dn, $d'n'$ menée du point D au plan ; à cet effet on a fait tourner dn, dn', autour de la verticale de pied d, de façon à l'amener à être de front suivant dn_1, $d'n'_1$, on a porté $d'h'_1 = a_2b_2$ et l'on a tracé h'_1h' parallèle à xy, enfin on a rappelé h' en h.

Quant aux sommets E, F et G, on les a obtenus en menant ae, bf et cg d'une part parallèles et égales à dh, d'autre part $a'e'$, $b'f'$ et $c'g'$ parallèles et égales à $d'h'$.

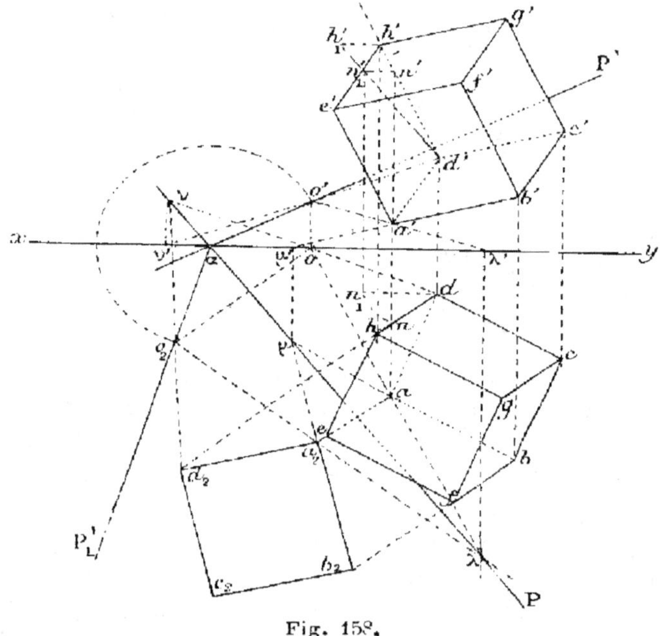

Fig. 152.

Ponctuation de la projection horizontale. Le contour apparent formé de dc, cb, bf, fe, eh et hd est forcément vu ; les arêtes qui se projettent horizontalement à l'intérieur de ce contour apparent se divisent en deux groupes ; celles qui sont issues du sommet G, qui est le sommet le plus élevé du cube, sont vues ; les trois autres sont par suite cachées.

Ponctuation de la projection verticale. Le contour

apparent est vu ; le point **F**, étant le sommet le plus en avant du cube, est vu ainsi que les trois arêtes qui y aboutissent.

Les trois arêtes issues de **D** sont par suite cachées.

109. Remarque. — Deux arêtes d'un polyèdre dont les projections horizontales se croisent, ne peuvent jamais être toutes deux vues dans cette projection, car le rayon visuel vertical qui s'appuie sur elles rencontre nécessairement l'une au-dessus de l'autre, et par suite celle-ci est cachée par le solide ; donc ou bien les deux arêtes seront cachées, ou bien l'une sera vue et l'autre cachée comme par exemple *ab* et *fg* (*fig.* 158).

La même remarque s'applique bien entendu à la projection verticale.

CHAPITRE XII

SECTIONS PLANES DES PRISMES ET PYRAMIDES

§ Ier. — CAS PARTICULIER D'UN PLAN SÉCANT PERPENDICULAIRE
A L'UN DES PLANS DE PROJECTION.

110. Exemple. — *Une pyramide* sabc, s'a'b'c' *est coupée par un plan debout* P*α*P', *trouver les projections de la section.*

On a immédiatement (n° **47**) les sommets *mm'*, *nn'*, *pp'*, *qq'* du polygone d'intersection (*fig.* 159). L'intersection est le polygone *mnpq*, *m'n'p'q'*.

Ponctuation. — Nous nous proposons de représenter le plan sécant transparent, la pyramide entière sur laquelle est tracé le polygone d'intersection.

Il est clair qu'un côté de l'intersection est vu ou caché, suivant qu'il appartient à une face vue ou cachée de la pyramide.

Or le rayon visuel vertical de pied ω qui s'appuie sur
SB et AC, montre que AC est cachée en projection horizontale, et par suite que les deux faces SAC et ABC sont
cachées dans cette projection ; donc mq et np sont les
côtés cachés du polygone $mnpq$.

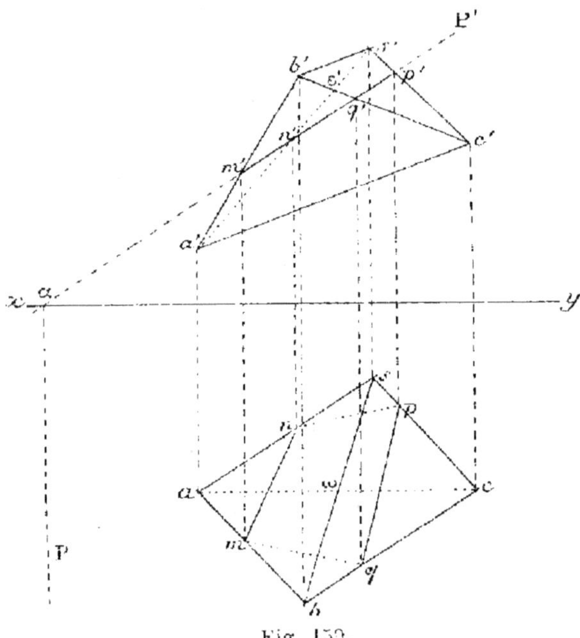

Fig. 159.

Pareillement, à l'aide du rayon visuel debout de pied
ε' on établit que SA est cachée en projection verticale, et
par suite que les faces SAB et SAC sont cachées dans
cette projection ; donc $m'n'$ et $n'p'$ sont les côtés cachés
de la projection verticale de l'intersection. Mais toute la
projection verticale est faite en noir à cause de $m'q'$ et
$p'q'$ qui sont vus.

§ II. — CAS GÉNÉRAL D'UN PLAN SÉCANT QUELCONQUE.

Première méthode. En effectuant un changement de
plan vertical avec une ligne de terre $x_1 y_1$ perpendicu-

laire à la trace horizontale du plan sécant, on rend ce plan debout dans le système $x_1 y_1$ et l'on est alors ramené au cas particulier précédent; on obtient immédiatement, ainsi qu'on l'a vu (n° 110), la projection horizontale commune aux deux systèmes, et on en déduit par les lignes de rappel issues de ses sommets la projection verticale dans le système primitif.

Cette méthode est généralement la plus rapide pour la

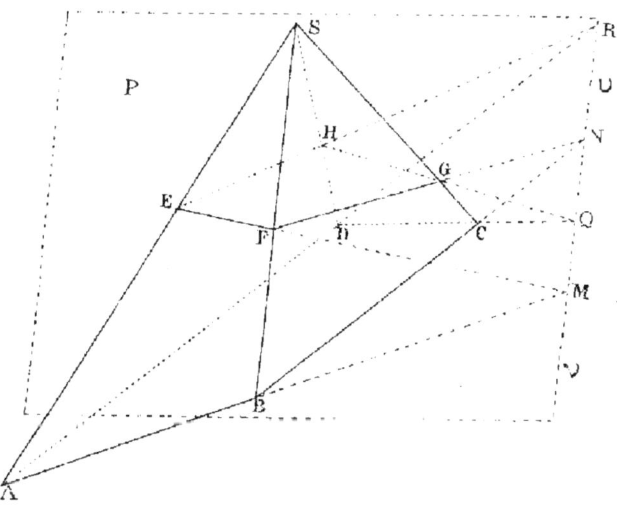

Fig. 160.

détermination de la section plane d'un *polyèdre quelconque*, parce qu'elle met en évidence toutes les arêtes qui sont rencontrées par le plan sécant et l'on peut tracer immédiatement le polygone d'intersection.

Souvent, pour les prismes et les pyramides, il est préférable d'employer la méthode spéciale que nous allons exposer.

Deuxième méthode. Soient par exemple une pyramide SABCD et le plan sécant P; on commence par déterminer l'intersection UV du plan sécant et du plan de base et le point de rencontre E de l'arête SA avec le plan sécant par les procédés ordinaires (n° 48 et n° 49). (La figure 160 se rapporte aux surfaces dans l'espace.)

Pour avoir le côté de l'intersection situé dans la face SAB, on observe que l'arête AB rencontre UV en M, et par suite la droite commune à la face SAB et au plan sécant est la droite EM dont la partie utile EF, c'est-à-dire la partie intérieure à la face SAB, est le premier côté du polygone d'intersection.

Pareillement l'arête BC rencontrant UV en N, la droite commune à la face SBC et au plan sécant est la droite FN, dont la partie utile FG est le deuxième côté de l'intersection.

Enfin l'arête CD coupe UV en Q, la face SCD et le plan sécant ont pour droite commune GQ et le troisième côté de l'intersection est GH.

Le quatrième côté est HE.

Comme vérification AD et EH se coupent en R sur UV.

111. Exemple. — *Trouver la section par le plan PαP′ de la pyramide sabcd, s′a′b′c′d′ reposant sur le plan horizontal.*

L'intersection du plan sécant et du plan de base est la droite αP (*fig.* 161). A l'aide du plan projetant verticalement SA nous avons obtenu le sommet ee' situé sur cette arête. Ensuite nous avons déterminé les sommets f, g et h de la projection horizontale en répétant textuellement les raisonnements de la seconde méthode exposée plus haut, à la seule exception que dans ces raisonnements nous avons remplacé les grandes lettres par les petites et UV par αP.

Enfin nous avons rappelé f en f', g en g' et h en h'.

Ponctuation. — Les quatre faces latérales sont vues en projection horizontale; donc les quatre côtés du polygone d'intersection sont vus dans cette projection, puisqu'ils appartiennent à ces quatre faces.

On établit aisément qu'en projection verticale les faces SAB et SBC sont cachées, donc les droites $e'f'$ et $f'g'$ sont cachées, tandis que $e'h'$ et $h'g'$ sont vues.

112. Exemple. — *Trouver la section par le plan PαP′ d'un prisme limité à sa base ABC située dans le plan horizontal et s'élevant indéfiniment au-dessus de ce plan.*

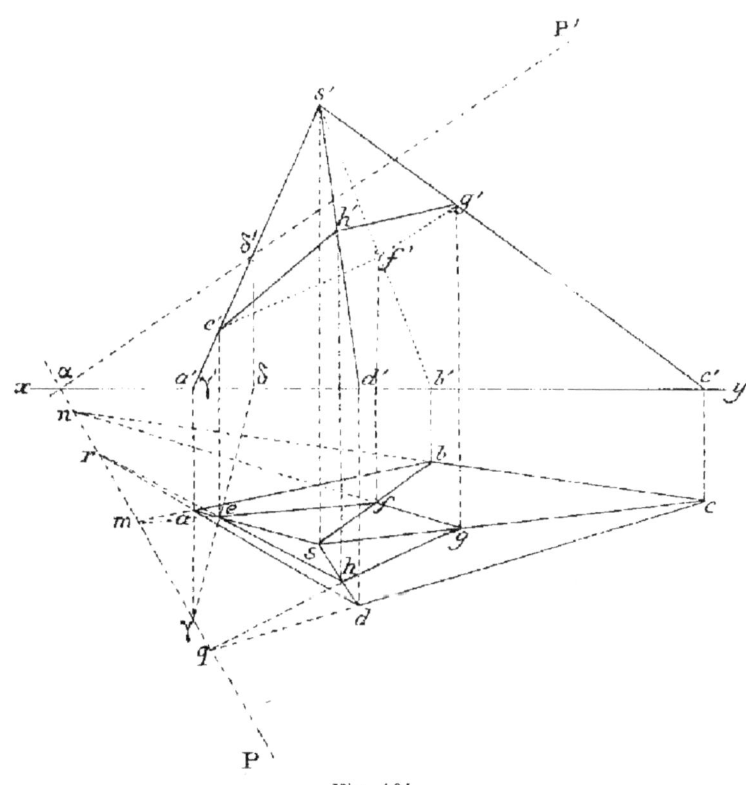

Fig. 161.

Soient HH′, KK′ et LL′ les trois arêtes latérales du prisme (*fig.* 162); *uv, uv′* est le premier côté du polygone d'intersection.

Au moyen du plan qui projette verticalement HH′, j'ai obtenu le sommet *mm′* situé sur cette arête, et *vm, v′m′* est le côté du polygone d'intersection situé dans la face (HL, H′L′).

Comme *ab* rencontre *uv* en *o*, la projection horizontale de la droite commune au plan sécant et à la face

(HK, HK′) est *om*, dont la partie utile *mn* est la projection horizontale du côté suivant de l'intersection.

Enfin on a joint *un* pour fermer la projection horizontale du polygone d'intersection, et l'on a rappelé *n* en *n′*.

Nous laissons au lecteur le soin d'expliquer la ponctuation (*u′v′* est caché, mais le trait noir de *xy* l'emporte sur les petits points de *u′v′*).

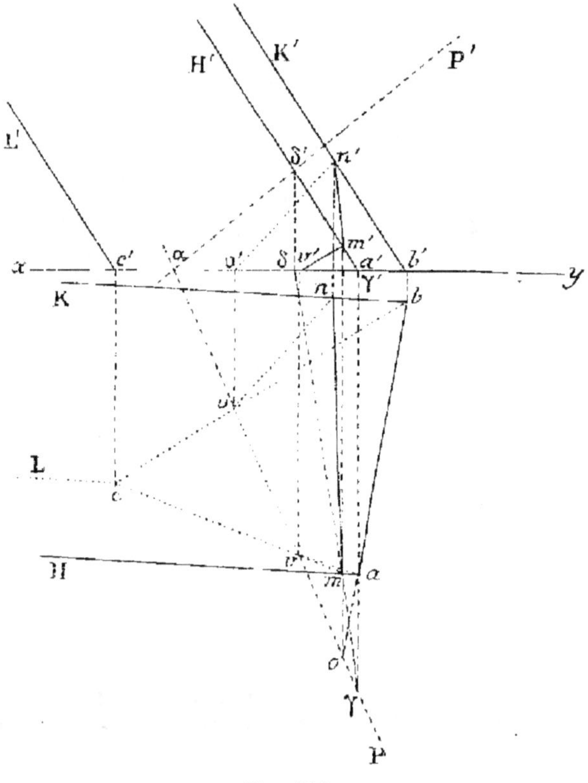

Fig. 162.

113. Grandeur des sections planes. — Lorsque le plan sécant est debout comme dans l'exemple du n° 110, on effectue un changement de plan horizontal en prenant le plan sécant comme nouveau plan horizontal de projection,

et la projection horizontale nouvelle de la section n'est autre que la section elle-même.

Lorsque le plan sécant est quelconque, comme aux exemples du n° 111 et du n° 112, on le rabat sur le plan horizontal pour avoir la grandeur de la section.

EXERCICES SUR LES CHAPITRES XI ET XII

1. — Construire un tétraèdre régulier, connaissant l'une de ses faces, laquelle est située dans le plan horizontal.

2. — Construire un cube à diagonale verticale, le sommet inférieur de cette diagonale étant donné dans le plan horizontal; l'une des arêtes issues de ce sommet est de front et à gauche de la diagonale verticale. On connaît la longueur de l'arête du cube.

3. — Construire un octaèdre régulier dont l'un des plans diagonaux est un plan horizontal donné; on connaît en outre la projection horizontale du carré formé par les quatre sommets situés dans ce plan.

4. — Couper les trois polyèdres précédents par un plan sécant quelconque.

5. — Même problème, le plan sécant étant le premier bissecteur.

CHAPITRE XIII

PROJECTION DU CERCLE

114. Théorème. — *La projection d'un cercle sur un plan est une ellipse, lorsque le plan du cercle n'est ni parallèle ni perpendiculaire au plan de projection.*

Nous admettrons ce théorème, qui est démontré dans tous les cours de **Géométrie**.

115. Théorème.— *Lorsqu'une droite AT est tangente à une courbe AM, chacune des projections de la droite est tangente à la projection de même nom de la courbe.*

En effet, les projections de la tangente AT et de la courbe AM sur le plan horizontal par exemple sont les

6.

intersections de ce plan avec le plan vertical qui projette AT et le cylindre vertical qui passe par AM; mais le plan vertical qui projette AT est tangent au cylindre au point A,

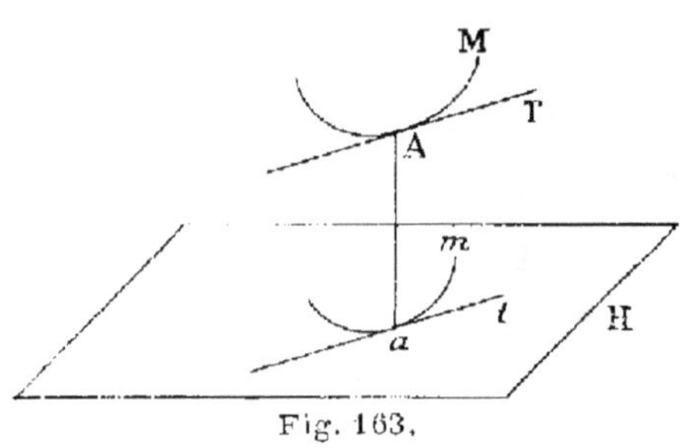

Fig. 163.

car il contient la tangente AT à une courbe AM du cylindre et la génératrice Aa; par suite il est tangent au cylindre tout le long de la génératrice Aa, et en particulier au point a il doit contenir la tangente à la courbe am;

donc finalement la projection at de AT est tangente à la courbe am, projection de la courbe AM (*fig.* 163).

Le théorème tombe en défaut lorsque AT est perpendiculaire à l'un des plans de projection, car sa projection sur ce plan est alors un point.

116. Problème. — *Étant donnés le plan* PaP', *le centre* oo' *et le rayon d'un cercle, construire les projections de ce cercle.*

Je rabats le centre en o_2 en me servant du rabattement h_2 du point hh' de son horizontale HH'; je décris de o_2 comme centre avec le rayon donné une circonférence qui est le rabattement de la circonférence donnée (*fig.* 164).

Construire les projections d'un point du cercle et de la tangente en ce point.

Je mène au cercle rabattu une tangente quelconque $\mu_2\gamma$; elle se relève suivant $\mu\gamma$, $\mu'\gamma'$ et son point de contact m_2 se relève en mm'; nous avons ainsi (n° **115**) les projections d'un point quelconque mm' du cercle et les projections $\mu\gamma$, $\mu'\gamma'$ de la tangente en ce point.

Axes de la projection horizontale. Le diamètre horizontal AB du cercle se projette horizontalement en grandeur naturelle; son rabattement a_2b_2 et sa projection horizontale ab sont donnés par l'horizontale HH'. Ainsi ab est la plus grande des cordes qui passe par le centre

de l'ellipse projection horizontale, c'est le grand axe de
cette ellipse.

Le petit axe cd, étant perpendiculaire à ab, sera la pro-

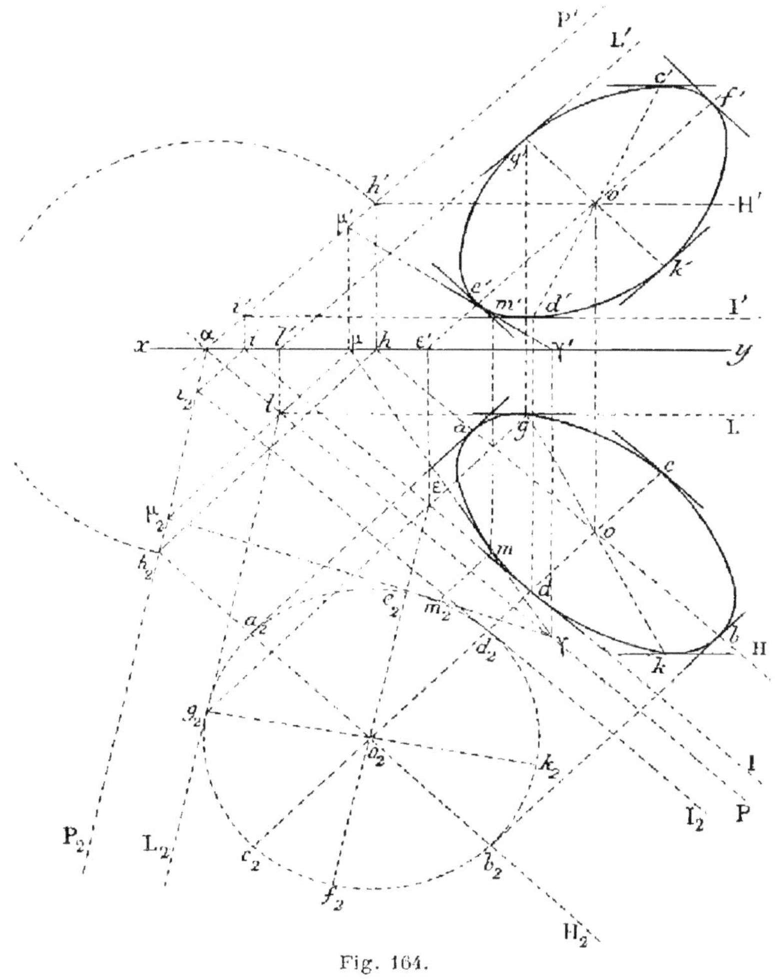

Fig. 164.

jection horizontale du diamètre CD perpendiculaire à
AB (n° 57); le diamètre CD a pour rabattement $c_2 d_2$ perpendiculaire à ab, c'est la ligne de plus grande pente du

plan du cercle par rapport au plan horizontal. Nous avons relevé d_2 en dd' à l'aide de l'horizontale II' qui est la tangente en dd', puisque I_2 est tangente en d_2 au cercle rabattu.

Enfin nous avons pris $oc = od$ pour avoir le sommet c du petit axe.

Ainsi les sommets du petit axe de l'ellipse projection horizontale correspondent par des lignes de rappel aux points le plus haut et le plus bas de la projection verticale.

Axes de la projection verticale. Pareillement le grand axe $e'f'$ de la projection verticale est sur la parallèle $o'\varepsilon'$ à $\alpha P'$; nous avons porté sur $o'\varepsilon'$ les longueurs $o'e'$ et $o'f'$ égales au rayon du cercle.

Le petit axe $g'k'$ est la projection du diamètre GK perpendiculaire à $\alpha P'$; nous avons dans le rabattement tracé $g_2 k_2$ perpendiculaire à $\alpha P'_2$, et nous avons relevé g_2 en gg' à l'aide de sa ligne de front LL', qui est la tangente en gg', puisque L_2 est tangente en g_2 au cercle rabattu.

Enfin nous avons pris $o'k' = o'g'$ pour avoir le sommet k' du petit axe.

Ainsi les sommets du petit axe de l'ellipse projection verticale correspondent par des lignes de rappel aux points le plus en avant et le plus en arrière de la projection horizontale.

117. Problème. — *Étant donnés le plan PαP', le centre oo' et le rayon d'un cercle;*

1° *Mener à ce cercle les tangentes parallèles à une droite du plan;*

2° *Trouver les points le plus à droite et le plus à gauche du cercle.*

1° Rabattons comme tout à l'heure le cercle sur le plan horizontal (*fig.* 165). Soit $h\beta, h'\beta'$ la direction donnée dans le plan; son rabattement est $h_2\beta$. Menons au cercle rabattu les tangentes $p_2\pi$ et $t_2\theta$ parallèles à $h_2\beta$, ce sont les rabattements des tangentes demandées. Les points $\pi\pi'$ et $\theta\theta'$ étant sur la charnière, ces deux tangentes se relèvent suivant les parallèles menées par ces points à

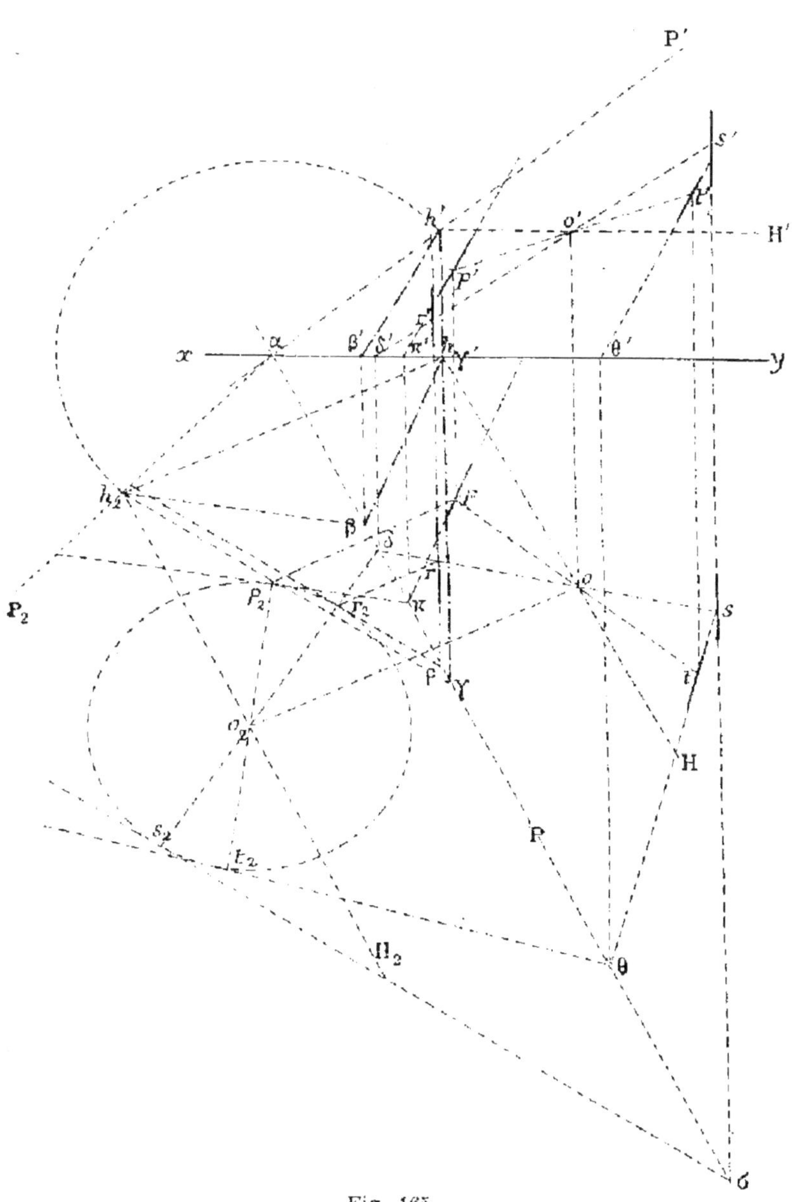

Fig. 165.

la direction donnée; nous avons obtenu le point de contact pp' de la première tangente au moyen de pp_2 perpendiculaire à αP, et nous avons rappelé p en p'.

Enfin en prolongeant op et $o'p'$, nous avons eu le point de contact tt' de l'autre tangente.

2° *Points le plus à droite et le plus à gauche.*

Ce sont les points du cercle où la tangente est de profil, c'est-à-dire parallèles à une droite de profil $h\gamma$, $h'\gamma'$ du plan $P\alpha P'$; la seconde partie du problème n'est donc qu'une application de la première partie.

La droite $h\gamma$, $h'\gamma'$ a pour rabattement $h_2\gamma$; je mène au cercle rabattu les tangentes $r_2\rho$ et $s_2\sigma$ parallèles à $h_2\gamma$; ce sont les rabattements des tangentes de profil; les projections de ces tangentes seront donc les lignes de rappel menées par ρ et σ. J'ai obtenu à la fois les deux points de contact rr' et ss' en prenant l'intersection des deux tangentes avec le diamètre $o\delta$, $o'\delta'$ du cercle.

118. Remarque. — Le problème comprend aussi comme cas particuliers la recherche des points le plus haut et le plus bas, des points le plus en avant et le plus en arrière du cercle, c'est-à-dire des points où la tangente est horizontale ou de front; ces cas particuliers ont été incidemment traités (n° **116**).

EXERCICES SUR LE CHAPITRE XIII

1. — Etant donnés le plan $P\alpha P'$, le centre oo' et le rayon d'un cercle, mener à ce cercle les deux tangentes par un point du plan.

2. — Même problème, le point donné étant le point $\alpha\alpha'$.

3. — Etant donnés le plan $P\alpha P'$ debout, le centre oo' et le rayon R d'un cercle, trouver les projections de ce cercle.

On prendra le plan $P\alpha P'$ comme plan horizontal nouveau de projection: on construira la projection horizontale dans le système x_1y_1, c'est un cercle de rayon R, et l'on en déduira l'ellipse qui est la projection horizontale dans le système xy.

Quant à la projection verticale, elle coïncide avec $\alpha P'$.

CHAPITRE XIV

PROJECTION D'UNE SPIRE D'HÉLICE

119. Problème. — *Construire les projections d'une spire d'hélice sur le plan de la base du cylindre et sur un plan parallèle aux génératrices.*

Nous nous servirons des propriétés suivantes de l'hélice, qui sont démontrées dans tous les cours de **Géométrie**.

1° *La distance* Mm *d'un point* M *d'une spire d'hélice au plan de base mené au cylindre par l'origine* A *de cette spire, est proportionnelle à l'arc de cercle* Am.

D'après cela, si l'on désigne par h le pas de l'hélice et R le rayon du cylindre, on a :

$$\mathrm{M}m = \frac{h}{2\pi\mathrm{R}} \times \mathrm{A}m$$

La réciproque de cette propriété est vraie, en sorte que la propriété est caractéristique de l'hélice.

2° *La sous-tangente* MT *en un point* M *de notre spire d'hélice est égale à l'arc de base* Am.

Nous prenons comme plan horizontal le plan de la base *abcd* du cylindre, et comme plan vertical un plan parallèle au plan diamétral du cylindre qui passe par l'origine *aa'* de la spire (*fig.* 166).

Toute la spire se projette horizontalement sur le cercle *abcd;* verticalement entre les lignes de rappel menées par les points *a* et *c*, d'autre part entre *xy* et sa parallèle *h'k'* menée à la distance *a'h'* égale au pas de l'hélice.

En vertu de la première propriété, pour obtenir les projections verticales d'un certain nombre de points de la courbe, on partage la circonférence de base *abcd* et le pas de l'hélice *a'h'* en un même nombre de parties égales,

douze par exemple ; si par deux points de division corres-
pondants tels que 2 et 2, on mène respectivement une

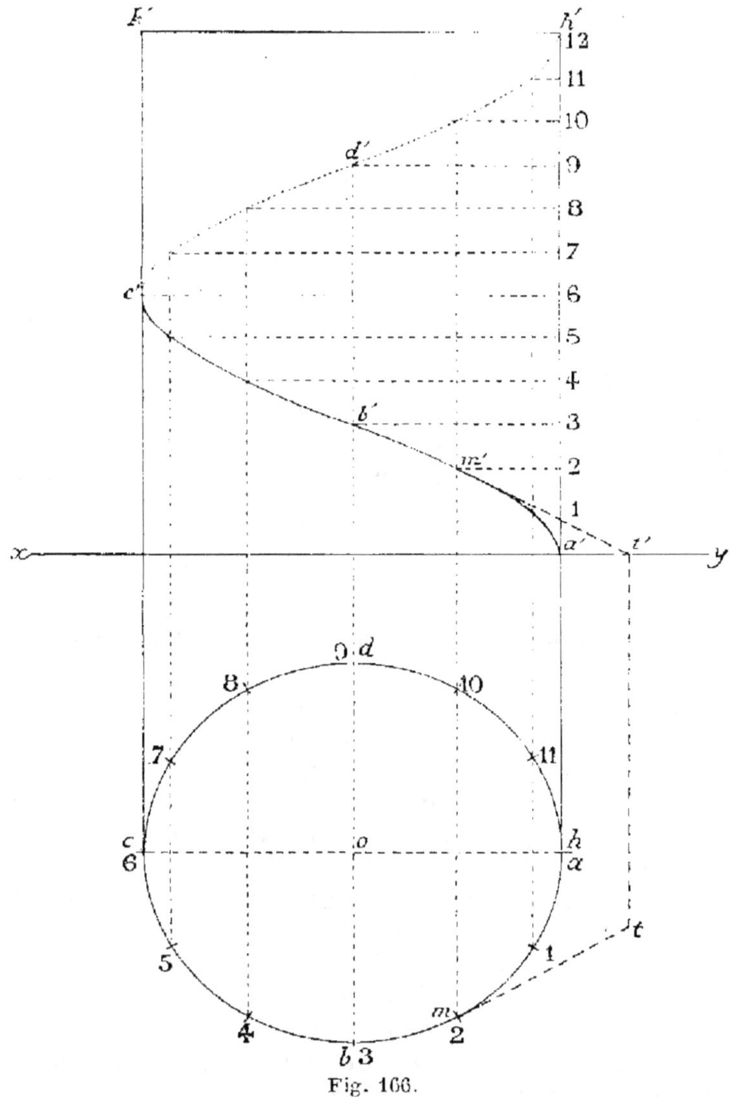

Fig. 166.

perpendiculaire et une parallèle à xy, on aura la projection verticale m' d'un point M de la spire.

Pour déterminer la tangente à l'hélice au point mm', on prend sur la tangente au cercle de base au point m une longueur mt égale à l'arc am de ce cercle; le point t est, d'après la deuxième propriété rappelée plus haut, la trace horizontale de la tangente mt, $m't'$ au point mm'.

Les projections verticales des tangentes aux points aa', cc' et hh' sont perpendiculaires à xy, puisque ces tangentes sont situées dans les plans tangents au cylindre en ces points, et que ces plans tangents sont debout.

ÉPURES

PROPOSÉES

AUX CONCOURS DE L'INSTITUT NATIONAL AGRONOMIQUE

On donne un plan P perpendiculaire au plan vertical et faisant avec le plan horizontal un angle de 45°. Dans le plan P on trace un cercle de $0^m,04$ de rayon ; on demande :

1° De construire la projection de ce cercle sur le plan horizontal ;

2° De construire la projection d'une tangente à ce cercle.

La distance du centre du cercle au plan vertical sera de $0^m,05$, et sa distance à la trace horizontale du plan P sera également de $0^m,05$. (1888, 1re session.)

Une sphère S, dont le rayon a $0^m,04$, repose sur le plan horizontal et touche le plan vertical. On la coupe par le plan bissecteur P du dièdre formé par les plans de projection. On demande de construire le rayon et les projections du centre du cercle provenant de l'intersection de la sphère S et du plan P.

On construira également les projections d'un point de l'intersection. (1888, 2me session.)

On donne un tétraèdre ABCD reposant par sa base ABC sur le plan horizontal de projection. Les longueurs de ses arêtes, exprimées en centimètres, sont les suivantes :

$$AB = AC = 14, \quad BC = AD = 12, \quad BD = CD = 13.$$

1° On demande de construire, au moyen d'une première épure, les angles plans des dièdres qui ont pour arêtes respectives BC et AD. (On indiquera chacun de ces angles au moyen d'un arc de cercle de deux centimètres de rayon, décrit de son sommet comme centre et compris entre ses côtés.)

2° Après avoir reporté, sur une seconde épure, les données et les résultats de la première qu'il y a lieu d'utiliser, on construit le point E symétrique du sommet A par rapport au plan de la face BCD, et on fixe invariablement au tétraèdre ABCD un nouveau tétraèdre ayant pour sommet le point E et pour base la face BCD du premier. On coupe ensuite le solide ABCDE ainsi obtenu par un plan horizontal mené à une hauteur de $0^m,03$ au-dessus du plan horizontal de projection ; on en retranche la partie située au-dessus du plan sécant, et on demande de représenter, en projection horizontale, la partie conservée du solide ABCDE. (1889, 1re session.)

On donne un carré ABCD dont le côté a $0^m,08$ de longueur, dont le sommet A repose sur un plan horizontal de projection, et dont les deux sommets B et D, voisins du sommet A, sont à $0^m,03$ au-dessus de ce plan horizontal.

1° Représenter, en projection horizontale, le cube construit sur le carré ABCD et au-dessus du plan de ce carré.

2° Représenter la section du cube ainsi défini par un plan horizontal mené à $0^m,05$ au-dessus du plan horizontal de projection.

3° Trouver en vraie grandeur les angles que font respectivement avec le plan horizontal de projection la face ABCD et l'une quelconque des deux autres faces de l'angle solide qui ont leur sommet en A. (1889, 2me session.)

On trace sur un plan horizontal un triangle ABC dont les côtés ont pour longueurs respectives : $AB = 0^m,55$, $AC = 0^m,75$, $BC = 0^m,65$. Sur les verticales des points A, B et C, on porte $AD = 0^m,035$, $BE = 0^m,060$, $CF = 0^m,030$.

1° Déterminer l'angle du plan du triangle DEF avec le plan horizontal. (On indiquera cet angle sur l'épure par un arc de cercle de $0^m,025$ de rayon, décrit de son sommet comme centre et compris entre ses côtés.)

2° Construire, en reportant les données sur une autre partie de la feuille de dessin, la projection horizontale du cercle circonscrit au triangle DEF.

(On déterminera les axes de l'ellipse ainsi obtenue, et on indiquera à l'encre les constructions qui fournissent l'un des points de cette courbe et la tangente en ce point.

(1890, 1re session.)

On donne sur un plan horizontal un triangle ABC, dont les côtés sont $AB = 0^m,060$, $AC = 0^m,080$, $BC = 0^m,090$. On porte sur la verticale du point A une longueur $AO = 0^m,55$ et on imagine une sphère, d'un rayon égal à $0^m,40$, ayant pour centre le point O.

1° Déterminer l'angle que fait avec le plan horizontal le plan tangent à la sphère qui passe par la droite BC et laisse au-dessous de lui le centre de la sphère.

2° Construire, après avoir reproduit les données sur une autre partie de la feuille de dessin, la projection horizontale de la section de la sphère par le plan OBC. (On indiquera les constructions nécessaires pour obtenir un point de la courbe et la tangente en ce point.) (1890, 2me session ; *cette session a été ouverte en 1890 pour la dernière fois.*)

Un triangle équilatéral de $0^m,08$ de côté, tracé dans un plan horizontal de projection, sert de base à une pyramide dont les arêtes inclinées sur ce plan ont une longueur égale à $0^m,11$.

On circonscrit une sphère à cette pyramide et l'on coupe cette sphère par un plan passant par son centre et par l'un des côtés du triangle de base de la pyramide.

Construire l'ellipse, projection horizontale de la section de la sphère ainsi obtenue. (On ne laissera subsister des lignes de constructions que celles qui sont relatives à la détermination d'un point de l'ellipse et de la tangente en ce point.) (1891.)

1° Construire dans le plan horizontal un triangle équilatéral ABC, dont le côté AB, perpendiculaire à la ligne de terre, a pour longueur $0^m,10$.

2° Construire le prisme qui a pour base ABC et dont l'arête AD satisfait aux conditions suivantes : l'arête AD est au-dessus du plan horizontal et égale à $0^m,15$; elle fait avec AB un angle de 30° et la face DAB fait avec la face ABC un dièdre AB égal à 60°.

3° Mener par D la section droite DEF de ce prisme et construire le cercle O circonscrit au triangle DEF.

Nota. — Au tracé à l'encre on figurera :

1° La projection horizontale du tronc de prisme ABCDEF en distinguant les parties vues des parties cachées ;

2° La projection horizontale de la circonférence O, en trait plein.

Toutes les autres lignes seront faites en trait de construction. On prendra pour effectuer ces constructions tels plans verticaux qu'on jugera convenables, mais on ne figurera en trait plein noir aucune projection verticale. (1892.)

Une pyramide pentagonale régulière SABCDE repose par sa base ABCDE sur le plan horizontal. Le diamètre du cercle circonscrit à la base a pour longueur $0^m,06$. L'arête latérale a pour longueur la diagonale AD.

1° Déterminer cette pyramide et trouver la perpendiculaire commune PQ au côté AB et à l'arête SD.

2° Trouver, sur la surface de la pyramide, le lieu des points également distants des pieds P et Q de la perpendiculaire commune.

Nota. — Au tracé à l'encre, on représentera la *projection horizontale* de la surface opaque de la pyramide, avec le tracé du lieu géométrique, puis la *tige* PQ prolongée d'une longueur égale à PQ de part et d'autre des points P et Q (1893.)

Représenter par ses deux projections un rhéophore composé d'un disque circulaire C de diamètre $d = 0^m,08$ et d'une tige CI perpendiculaire à ce disque, menée par son centre C et ayant pour longueur CI $= d = 0^m,08$.

La tige CI fera avec le plan horizontal un angle $\alpha = 40°$ et avec le plan vertical un angle $\beta = 30°$. Le disque C sera au-dessus, en avant et à droite de la tige CI. La tige et le disque, supposés d'épaisseur négligeable, seront représentés chacun par un simple trait. (1894.)

Construire les projections d'un cube dont une diagonale est verticale, le sommet le plus bas étant dans le plan horizontal. On donne les projections a et a' de l'extrémité d'une des arêtes issues du sommet situé dans le plan horizontal. La ligne de terre étant tracée parallèlement aux plus petits côtés de la feuille de papier et à égale distance de ces côtés, la ligne de rappel axa' est à $0^m,02$ du centre de la feuille ; la cote $xa' = 0^m,04$, l'éloignement $ax = 0^m,03$; enfin la projection horizontale de l'arête considérée rencontre la ligne de terre à droite de x et fait avec elle un angle de 75°. En outre, la diagonale verticale est à gauche du sommet aa'.

On déterminera également les projections de la circonférence circonscrite à la face supérieure du cube qui est à gauche et visible. (1895.)

TABLE DES MATIÈRES

SAINT-CLOUD. — IMPRIMERIE BELIN FRÈRES.